Nöding · Die Struktur der Materie

studio visuell

Siegfried Nöding **Die Struktur der Materie**

Atombau – Chemische Bindung – Teilchenstruktur

Herder Freiburg · Basel · Wien

Alle Rechte vorbehalten – Printed in Germany
© Verlag Herder KG Freiburg im Breisgau 1976
Freiburger Graphische Betriebe 1976
ISBN 3-451-16410-8

Inhalt

Vorwort

Bei seinem Bemühen, die Materie zu erforschen, gelangte der Mensch schon vor über 2000 Jahren zu der Vorstellung, sie sei aus Atomen aufgebaut. Diese Atomhypothese wurde im Laufe der Geschichte der Naturwissenschaften immer wieder durch experimentelle Ergebnisse bestätigt, und sie erweist sich bei der Erklärung sehr vieler Dinge und Naturerscheinungen als fruchtbar. Für eine Erklärung der Struktur der Materie reichen Atommodelle allein nicht aus. Man muß vielmehr konkrete Vorstellungen entwickeln, welcher Art die Kräfte sind, die die Atome (bzw. Teilchen) zur eigentlichen Materie strukturieren und wie diese Kräfte wirken. Daraus läßt sich u. a. ableiten, unter welchen Bedingungen die Materie eine bestimmte Zustandsform bevorzugt.

Teil I des vorliegenden Buches ist daher dem *Aufbau der Atome* gewidmet. Da es noch immer nicht möglich ist, Atome direkt zu beobachten, ist man darauf angewiesen, die ihnen zugrunde liegenden Bauprinzipien und ihre Eigenschaften indirekt zu erschließen. Die so gewonnenen Einsichten in das „Wesen" der Atome nennt man Atommodelle. Um dem Leser nicht nur Informationen zu vermitteln, sondern ihn auch mit der Denkweise und den Methoden der Naturwissenschaftler vertraut zu machen, habe ich diesen Teil relativ ausführlich gestaltet.

Teil II vermittelt eine Übersicht über die *Lehre der chemischen Bindung*. Dieser Wissenschaftszweig der Allgemeinen Chemie wendet Atommodelle an und testet deren „Brauchbarkeit". Aufgrund der genaueren Kenntnis der Bindungsverhältnisse bei den Teilchen eines Stoffes lassen sich die Eigenschaften des Stoffes meist recht gut erklären.

Teil III befaßt sich mit der *Architektur von Kristallen* sowie *komplexer Teilchen* und gibt einen Überblick über moderne *physikalische Verfahren zur genaueren Ermittlung der Teilchenstruktur*. Die Erforschung der Struktur der Materie ist zu einem der wichtigsten Gegenstände der modernen Chemie geworden. Heute wird z.B. die molekulare Struktur von Kunststoffen sorgfältig geplant; aufgrund von Strukturanalysen kann man beispielsweise das für Diabetiker lebenswichtige Hormon Insulin synthetisch herstellen oder aktiv in das Erbgeschehen bei Mikroorganismen eingreifen oder aber auch ökonomische Verfahren entwickeln, um aus billigem Graphit den begehrten Diamanten zu gewinnen.

So ist es zu verstehen, daß auch in den einführenden Vorlesungen für Studenten der Chemie und im Chemieunterricht der weiterführenden Schulen die Themenkreise *Atombau – Chemische Bindung – Teilchenstruktur* eine zunehmend zentrale Stellung einnehmen. Allen, die sich mit der Struktur der Materie befassen wollen (bzw. müssen) – insbesondere Chemie- und Physikstudenten der Anfangssemester, Lehramtskandidaten an Pädagogischen Hochschulen mit Wahlfach Chemie oder Physik sowie Schüler der Sekundarstufe II, die Grund- oder Leistungskurse für Chemie bzw. Physik belegen –, will der vorliegende Band eine Hilfe sein. Es ist natürlich bei dem zur Verfügung stehenden Raum und bei dem Anspruch, möglichst allgemeinverständlich zu bleiben, nicht möglich, eine umfassende Darstellung zu geben. Vordergründig ist es für mich, Grundlegendes zu bieten, ohne den komplizierten mathematischen Formalismus der Quantenmechanik voll einzubeziehen und ohne dadurch in einer oberflächlichen Anschaulichkeit zu verhaften.

Bei der Vorbereitung wurde teilweise auf Unterlagen aus dem Band „Die Natur" der Reihe „Wissen im Überblick" unverändert bzw. überarbeitet zurückgegriffen. Denen, die zum Gelingen des Buches beigetragen haben, möchte ich an dieser Stelle vielmals danken.

Pforzheim, im Januar 1976   Siegfried Nöding

TEIL I

Atome –
Bausteine der Materie

1. Der Mensch erforscht den Aufbau der Materie

Schon früh unterschied sich der Mensch von seinen tierischen Verwandten darin, daß er in der Natur nicht nur lebt und die Dinge zu seinem Leben gebraucht, sondern daß er um eine Erkenntnis der Natur als ganzes ringt. Er tritt aus seinem unmittelbaren sinnlichen Bereich heraus in ein erkennendes Verhältnis zur ganzen Natur, zu allem Leben und zu allen Lebensgestaltungen, zu allen Dingen und zu allen dinglichen Vorgängen. Die Naturerkenntnis ist dabei in ihrer inhaltlichen Fülle beschränkt durch die Voraussetzungen des sinnlichen Lebens; umgekehrt wird dieses sinnliche Leben bis in seine eigenen Bedingungen hinein verändert und erweitert durch die Erkenntnis der Natur.

Vor diesem Hintergrund wird es verständlich, daß sich unser Geschlecht seit Beginn der Menschwerdung mit dem „Wesen" der Materie beschäftigt. Elementare Beobachtungen, Phantasie und Einbildung bestimmen den jeweiligen Stand der naturwissenschaftlichen Forschung einer Epoche und eines Kulturkreises.

Die ersten Deutungsversuche des Menschen zur Struktur der Materie sind von den antiken Griechen überliefert. Bereits um 500 v. Chr. waren zwei Hypothesen zur Erklärung für die Eigenschaften von Stoffen und deren Umwandlungen im Umlauf. Ihre Anhänger bezeichnet man als *Alchimisten* und als *Atomisten*.

Die Alchimisten

Sie gründen sich auf *Empedokles (490–430 v. Chr.)* und *Aristoteles (384–321 v. Chr.)*, nach deren Lehre die unbelebte irdische Materie aus den vier Elementen *Erde, Wasser, Feuer*

Alchimie
Der Begriff ist dem Arabischen entlehnt. Vielleicht leitet er sich aus dem ägyptischen Wort *chame* ab, was soviel wie *schwarz* bedeutet. Demnach wäre die Chemie die „schwarze Kunst" gewesen. Nach einer anderen Hypothese wurde der ursprünglich arabische Begriff verballhornisiert und später mit dem griechischen Wort *chyma* identifiziert, was zu deutsch *Metallguß* heißt.

9

Demokrit

Vor mehr als 2000 Jahren entwickelten *Demokrit* und *Leukipp* die *Atomtheorie*, nach der die Materie nicht unbegrenzt teilbar ist. Es gibt vielmehr kleinstmögliche Materieteilchen, die unteilbar (gr. *a-tomos*) sind, die *Atome*. *Platon* dachte sich verschiedene Formen für die Atome aus. Im Mittelalter hatte man die atomistischen Anschauungen der Antike vollkommen vernachlässigt. Alle Theorien über die Struktur der Materie gingen von alchimistischen Überlegungen aus. Als man im 17. Jh. einen Großteil der überlieferten Lehren anzweifelte, begann auch die Kritik an den alchimistischen Theorien: *Atomismus* und *Korpuskulartheorie* (Vorstellung, nach der die Materie aus *Teilchen* aufgebaut ist) traten in den Betrachtungsbereich. Die Anfänge der Korpuskulartheorie begründeten der französische Mathematiker *Pierre Gassendi (1592–1655)* und der englische Physiker *Robert Boyle (1627–1691)*. *Gassendi* dachte sich die Materie aus starren und unzerstörbaren Atomen oder Teilchen zusammengesetzt, die alle aus gleichem Material, aber verschieden in Form und Größe sein sollten. Während die Theorien *Gassendis* mehr philosophischer Natur waren, stützte sich *Boyle* auf experimentelle Untersuchungen, die zu dem Ergebnis führten, daß ursprünglich einfach gebaute Stoffe („*Elemente*") die Bausteine für kompliziertere Stoffe liefern.

und *Luft* in Verbindung mit den vier Grundwerten *Hitze, Kälte, Trockenheit* und *Nässe* besteht. Sie entwickelten diese Lehre weiter und versuchten letztlich das Wesen der Materie zu deuten, indem sie ihre Gefühle und Vorstellungen, die sie beim Experimentieren hatten, in die Materie hineindeuteten. Das Geheimnis der Stoffumwandlung lag nach der Meinung der Alchimisten darin, daß man zuerst die körperlichen und seelischen Eigenschaften verschiedener Stoffe trennt und anschließend wieder in geeigneter Weise zusammenführt. Im 16. Jh. begann man, sich von der Alchimie abzuwenden und ihre Anhänger zu verspotten.

Die Atomisten

Einen anderen Weg der Spekulation über das Wesen der Materie schlugen die Atomisten ein. Die bedeutendsten Vertreter, *Leukipp (5. Jahrhundert v. Chr.)* und *Demokrit (460–370 v. Chr.)*, nahmen an, die Welt sei aus kleinsten, unteilbaren Einheiten aufgebaut, die sie *Atome* nannten. Man weiß nicht, was diese materialistischen Philosophen veranlaßte, die Existenz von Atomen zu fordern.

Wenn die Atome auch zu klein sind, um gesehen zu werden, so sollten sie sich doch in der *Größe* und im *Gewicht* voneinander unterscheiden. Das Aussehen der Welt, das Entstehen und Vergehen der Dinge, hing danach von der Anordnung der Atome ab: Diejenigen Atome, die z. B. einen Menschen bilden, können sich nach der Vorstellung der Atomisten wieder umordnen und etwas vollkommen anderes aufbauen.

Demokrits materialistische Philosophie ähnelt in erstaunlicher Weise den modernen Auffassungen über die Struktur der Materie. Historisch hatte diese Theorie jedoch wenig Einfluß, da es in früheren Zeiten unmöglich war, das Vorhandensein solcher unteilbarer winziger Gebilde zu beweisen oder Indizien zu finden, welche die Existenz von Atomen hätten untermauern können, und weil man sich darüber hinaus den *qualitativen Veränderungen* bei Stoffumwandlungen zuwandte (und nicht etwa quantitativen), gerieten die Spekulationen der Atomisten wieder in Vergessenheit.

Erst über 1000 Jahre später wurden sie wieder aufgegriffen, als man begann, neben den qualitativen Veränderungen der Materie bei chemischen Reaktionen auch *quantitative Betrachtungen* anzustellen. Bis in die Gegenwart hinein wurde die Existenz von Atomen durch zahlreiche experimentelle

Ergebnisse bestätigt, und es sind keine Versuche bekannt, welche geeignet wären, die Atomtheorie in Frage zu stellen. Der Bereich des Atomaren ist heute die von nahezu allen Naturwissenschaftlern anerkannte Denkebene, in der man versucht, die beobachtbaren Naturerscheinungen zu deuten. Insbesondere im Forschungsbereich der Chemie ist man bemüht, die Eigenschaften der Stoffe sowie die *Veränderungen von Stoffen bei chemischen Reaktionen auf atomare Strukturveränderungen zurückzuführen.*

Vor wenigen Jahren ist es schließlich gelungen, «Schattenbilder von Atomen» mit Hilfe des *Feldionenmikroskopes* direkt sichtbar zu machen und zu photographieren.

Das Feldionenmikroskop enthält einen in einen evakuierten Glaskolben eingeschmolzenen Wolframkristall, der während des Versuchs positiv aufgeladen wird. Das Innere des Kolbens ist mit einer geringen Menge Heliumgas, welches unter sehr niedrigem Druck steht, angefüllt. Trifft ein Heliumatom auf den Wolframkristall, wird es positiv aufgeladen und von den Wolframatomen bzw. -ionen abgestoßen. Dabei läuft es auf einer geradlinigen Bahn zur Wand des Kolbens. Diese ist mit einer Schicht versehen, die aufleuchtet, sobald ein geladenes Teilchen auftrifft. Man sieht auf der Oberfläche des Kolbens – vgl. Titelbild auf der Vorderseite des Buches – ein Bild leuchtender Flecken. Da die geladenen Helium-Teilchen von Wolframatomen bzw. -ionen ausgehen, entspricht jeder leuchtende Fleck einem Teilchen auf der Oberfläche des Wolframatoms. Das Muster der leuchtenden Flecke auf der Kolbenoberfläche gibt Hinweise auf die Struktur der Wolframteilchen im Metall.

Der nächste Schritt in der Entwicklung der Atomtheorie war die Suche nach Gesetzen der chemischen Verbindungen, d.h., wie sich die verschiedenen chemischen Elemente zu einem neuen Stoff zusammensetzen. Die erste wichtige Entdeckung in dieser Richtung ist das *Gesetz von der Erhaltung der Masse,* das besagt, daß bei chemischen Reaktionen Masse weder neu gebildet noch vernichtet werden kann. An nächster Stelle wäre das vom Franzosen *J. L. Proust (1754–1826)* formulierte *Gesetz von den festen Massenverhältnissen (konstanten Proportionen).* Es beinhaltet, daß in einer chemischen Verbindung die Elemente stets in einem gleichbleibenden Massenverhältnis gebunden sind.

2. Der Aufbau der Materie aus Atomen

Wie man heute weiß, sind Atome wirklich die kleinsten, mit den Mitteln des Chemikers nicht weiter zerlegbaren Bausteine der Materie. Es ist allerdings auch bekannt, daß sie sich unter extremen Bedingungen in Elementarteilchen spalten lassen. Heute versteht man daher unter dem (auch von *J. Dalton* gebrauchten) Begriff der *Unteilbarkeit des Atoms* im allgemeinen die Tatsache, daß *die Atome eines bestimmten chemischen Elements eine ihnen eigene Struktur* aufweisen. Finden Stoffumwandlungen statt (z.B. wenn Eisen rostet,

Benzin verbrennt, Zuckerlösung vergoren wird), so behalten die Atome dennoch gewisse charakteristische Eigenschaften, aufgrund derer man sie einem bestimmten Element zugehörig betrachten kann.

Dagegen können andere, heftigere Reaktionen, wie sie z. B. in Atomreaktoren („Kernreaktoren") oder in der Sonne („Kernverschmelzungen") stattfinden, ein Atom so verändern, daß es sich in ein oder mehrere Atome anderer Elemente umwandelt. Werden diese letztgenannten physikalischen Prozesse außer acht gelassen, so kann man mit einer gewissen Berechtigung von der „*chemischen Unteilbarkeit*" eines Atoms sprechen. *Dalton* war noch der Ansicht, Atome seien besonders einfach aufgebaut; er stellte sie sich nämlich als sehr kleine, massive Kugeln vor. Daher bezeichnet man das Daltonsche Atommodell auch als *Kugelmodell vom Atom.* Nach unseren heutigen Erkenntnissen ist diese Vorstellung ebenfalls unhaltbar. Atome sind hochkomplizierte Gebilde.

Dalton war der Meinung, chemische Verbindungen seien aus „*zusammengesetzten Atomen*" aufgebaut. Wenn *chemische Reaktionen* ablaufen, so werden nach Dalton lediglich *Atome umgruppiert.* Dabei bleibt ihre Masse erhalten und damit – nach *Dalton* – ihre Zugehörigkeit zu einem bestimmten chemischen Element. Diese starke Berücksichtigung der Masse von Atomen führte dazu, daß man das *Dalton*sche Atommodell auch als *Masse-Modell vom Atom* bezeichnet. Wie man heute weiß, ist die Massenzahl keine kennzeichnende Größe für ein chemisches Element.

Trotz der – vom heutigen Standpunkt aus betrachteten – Mängel war *Daltons* Atomvorstellung zu seiner Zeit revolutionierend. Seine Zeitgenossen begannen, sich mit der Idee vertraut zu machen, daß die Materie im Bereich kleinster Dimensionen nichts Kontinuierliches ist, sondern einen *diskontinuierlichen Aufbau,* d. h. eine „*körnige*" Struktur, besitzt.

Größe und Masse von Atomen

Die *Durchmesser* von Atomen liegen im Nanometerbereich (vgl. Abb. S. 67).

Auch die *Masse von Atomen* ist außerordentlich gering. Man hat daher neben der Masseneinheit Gramm die *Atommasseneinheit u* eingeführt.

$1 \, u = 0{,}000\,000\,000\,000\,000\,000\,000\,001\,675 \, g$

Aufgrund einer Empfehlung der IUPAC (International

12

Union of Pure and Applied Chemistry = *Internationale Union für Reine und Angewandte Chemie*) und IUPAP (International Union of Pure and Applied Physics = *Internationale Union für Reine und Angewandte Physik*) von 1961 wird die Atommasseneinheit u auf das Kohlenstoffisotop ^{12}C bezogen. 1 u ist demnach 1/12 der Masse eines ^{12}C-Atoms. Ein Atom des gewöhnlichen Wasserstoffs besitzt eine Masse von ungefähr 1 u. Die Massen der schwersten Atome, die man kennt, liegen bei knapp 260 u.

Isotope (vgl. S. 18) nennt man die Atome eines chemischen Elements, die die gleiche Protonenzahl (vgl. S. 16), aber verschiedene Neutronenzahlen (vgl. S. 18) haben. Die Isotope eines Elements unterscheiden sich daher in ihren Massen.

Das Masse-Modell nach J. Dalton

Das *Masse- oder Kugel-Modell von Dalton* wurde bereits oben inhaltlich wiedergegeben. Mit Hilfe dieses Atommodells ist es zwar möglich, *die quantitativen Beziehungen bei chemischen Reaktionen zu deuten.* Es versagt jedoch, wenn es darum geht, zu erklären, *warum* in bestimmten Molekülen ein spezifisches Atomzahlenverhältnis vorliegt. Bevor wir uns einem leistungsfähigeren Atommodell zuwenden, wollen wir den *Modellbegriff* genauer erörtern.
Modelle sind anschauliche, zweckgesteuerte *Idealisierungen* von realen Dingen oder Vorgängen. Modelle sind niemals Selbstzweck. Sie werden vielmehr mit der Absicht aufgestellt, bestimmte Objekte oder bestimmte Prozesse besonders deutlich hervorzuheben bzw. zu imitieren; d.h., man nimmt beim Aufstellen von Modellen bewußt eine *Reduzierung* vor und berücksichtigt immer nur eine Teilmenge der tatsächlich bekannten oder postulierten Objekte und Prozesse.
Der eigentliche Denkvorgang, der beim Aufstellen von Modellen abläuft, ist noch völlig unbekannt. Man weiß nur so viel: Modelle werden nicht *gefunden* – Modelle werden vielmehr *erfunden.* Man kann ein Modell, das ein anderer aufgestellt hat, praktisch nicht nacherfinden.

Das Denken in Modellen und das Arbeiten mit Atommodellen

Für das Arbeiten mit Modellen ist es jedoch prinzipiell unerheblich, ob man ein selbst erfundenes Modell anwendet oder dieses von Vorgängern oder Zeitgenossen übernimmt, vorausgesetzt, man hat den Sinn des betreffenden Modells begriffen und man erkennt dessen Möglichkeiten und Grenzen im Anwendungsbereich.
Leistungsfähige Atommodelle sind allerdings schwierig zu verstehen, da sie sehr große Ansprüche an das Abstraktionsvermögen stellen. Der hohe Kompliziertheitsgrad eines solchen leistungsfähigen Atommodells darf jedoch nicht darüber

Atommodelle dienen der Veranschaulichung der Gestalt von Atomen und – was noch wichtiger ist – der Erklärung des Ablaufs chemischer Reaktionen und der Deutung von Stoffeigenschaften.

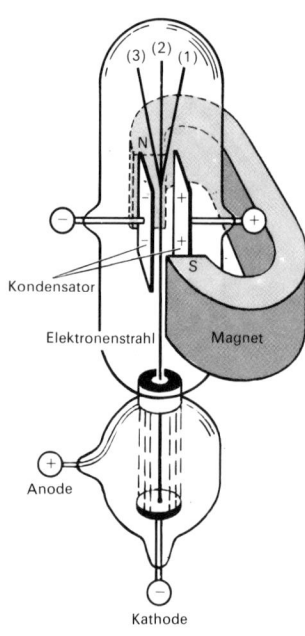

(3) (2) (1)

N

Kondensator

Elektronenstrahl   Magnet

S

+

Anode

Kathode

Bestimmung von e/m für das Elektron nach J. J. Thomson

Im elektrischen Feld, zwischen den beiden Kondensatorplatten, beschreiben die Elektronen die Bahn einer Parabel. Sie werden zur positiven Kondensatorplatte abgelenkt und treffen auf der Röhre bei (1) auf. Damit ist die negative Ladung der Elektronen bewiesen. *Thomson* bestimmte die Geschwindigkeit der Elektronen, indem er gleichzeitig auf den Kathodenstrahl ein Magnetfeld einwirken ließ. Dadurch wurde dieser in Richtung (3) abgelenkt. Er veränderte bei konstantem Magnetfeld die elektrische Feldstärke, bis das Strahlenbündel bei (2) auftraf. Dort trifft es auch auf, wenn keine Ablenkungskräfte wirken; also halten sich dann die Wirkungen beider Felder die Waage, und es gilt $H \cdot e \cdot v = E \cdot e$

H = magnetische Feldstärke,
e = Ladung eines Elektrons,
v = Geschwindigkeit eines Elektrons,
E = elektrische Feldstärke.

hinwegtäuschen, daß der „Wahrheitsgehalt" eines solchen Modells nicht größer ist als der einer Landkarte, die man als getreues Abbild einer Landschaft ansieht. Eine absolut richtige Beschreibung der Wirklichkeit kann man nicht geben, sondern nur mehr oder weniger zutreffende Aussagen über das Naturgeschehen machen, weil sich alle diese Beschreibungen (und damit alle diese Modelle) auf unsere subjektive Erfahrung der täglichen Erscheinungen stützen. Da wir *weder Atome noch atomare Prozesse direkt* mit Hilfe unserer Sinnesorgane *beobachten* können, ist jedes Modell unweigerlich mit Unzulänglichkeiten behaftet.

Das Masse-Ladungs-Modell nach J. J. Thomson

Einen entscheidenden Fortschritt in der Entwicklung der Atomistik erbrachten die Untersuchungen von *J. J. Thomson* und seinen Mitarbeitern an der Universität von Cambridge. Es gelang *Thomson*, die Größe der elektrischen Elementarladung (genauer die spezifische Ladung e/m) zu bestimmen. Ferner entdeckte er ein neues Teilchen, das viel kleiner ist als die damals bekannten geladenen Teilchen, nämlich das gegenüber dem Wasserstoffatom 2000 mal leichtere *Elektron*. Er konnte zeigen, daß das Elektron ein Teil des Atoms ist, das man vorher für unteilbar hielt (vgl. *Daltonsches Atommodell*). Das Verhalten der Atome im elektrischen Feld ließ darauf schließen, daß sie normalerweise elektrisch neutral sind. In Elektrolyten hatte man aber auch positiv geladene Ionen (vgl. S. 82) beobachtet. Die Folgerungen *Thomsons* sind in seinem Modell beschrieben (vgl. nebenstehende Bildunterschrift).

Eine exakte Messung der Ladung eines Elektrons führte später *R. A. Millikan* durch. Er bestimmte e = 160,2 · 10⁻²¹ Coulomb. Ein Elektronenvolt (eV) ist gleich 160,2 · 10⁻²¹ Joule.

Das Kern-Hülle-Modell nach E. Rutherford

Zu den bedeutendsten Forschern auf dem Gebiet der modernen Physik – insbesondere im Bereich der Atomistik – gehört der geborene Neuseeländer und in England tätige Chemiker und Experimentalphysiker *Sir Ernest Rutherford*.

Im Jahre 1910 bestrahlten *Rutherford* und seine Mitarbeiter eine dünne Goldfolie mit den von einem radioaktiven Präparat (Radium) emittierten (herausgeschleuderten) α-Strahlen

14

(sprich: alfa). Sie beobachteten, in welche Richtung die α-Teilchen nach Durchdringen der Folie gestreut wurden. Die Versuchsanordnung zeigen Abb. S. 15 und 17. Das Mikroskop konnte um die Goldfolie herumgeschwenkt werden.

Vor das Mikroskop setzten sie einen mit Zinksulfid überzogenen Schirm. Beim Auftreffen eines α-Teilchens auf den Schirm entstand an der betreffenden Stelle ein Lichtblitz. Die in einer bestimmten Zeit erzeugten Lichtblitze wurden gezählt, und es wurde untersucht, wie sich diese Zahl in Abhängigkeit von der Rotation des Mikroskops in verschiedenen Richtungen ändert.

Die Goldatome der Folie im Strahlengang der α-Teilchen weisen eine dichteste Kugelpackung auf; d. h., sie sind z. B. so angeordnet wie Stahlkugeln in einem Kasten, nachdem man zuvor gründlich geschüttelt hat.

Aufgrund des *Thomson*schen Atommodells war es *nicht* zu erklären, daß die α-Teilchen die 1000 Atomschichten durchdringen. Man hatte kurz vor der Zeit, als der Streuversuch durchgeführt wurde, bereits mit Strahlen von β-Teilchen (d. s. Elektronen) auf dünne Aluminiumfolien „geschossen" und dabei festgestellt, daß sie diese ungehindert durchdrungen haben, obgleich auch die Aluminiumatome in der Folie eine dichteste Kugelpackung aufweisen. β-Teilchen sind negativ geladen. Man erwartete daher, daß auch die positiv geladenen α-Teilchen die Goldfolie ohne jede Ablenkung durchqueren würden. Das Experiment bestätigte diese Voraussage nur teilweise. Es gab nämlich auch α-Teilchen, die von ihrer ursprünglichen Bahn stark abgelenkt wurden, einige so stark, daß sie sich – sehr zum Erstaunen der Forscher – auf der der radioaktiven Strahlungsquelle zugewandten Seite der Goldfolie wiederfanden. Es schien so, als ob diese α-Teilchen durch Stöße mit den Atomen der Goldfolie zurückprallen würden.

Rutherford beschäftigte sich mit dem Problem und ging von der Vorstellung aus, daß die α-Teilchen tatsächlich von den Atomen der Goldfolie abgestoßen wurden. Dabei sollten elektrostatische Abstoßungskräfte zwischen den positiv geladenen Teilchen und der positiven Ladung in den Atomen eine Rolle spielen. Er kam zu dem Schluß, daß die positive Ladung in einem viel kleineren Volumen konzentriert sein mußte, als man vorher ausgerechnet hatte. Nach *Rutherford* besteht das Atom aus einem *äußerst kleinen, positiv geladenen Kern, in dem nahezu die gesamte Masse des Atoms konzentriert ist.*

Thomson löste die Gleichung durch Einsetzen der Werte für *H*, *e* und *E* nach der Geschwindigkeit auf. Damit war er dann in der Lage, das Verhältnis von *e/m* aus der Ablenkung des Kathodenstrahls zu bestimmen.

Rutherfordscher Streuversuch

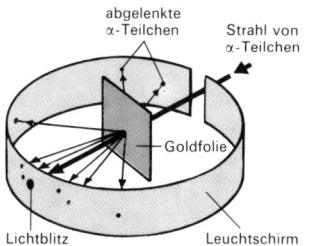

Ausschnitt aus der Versuchskammer mit Leuchtschirm

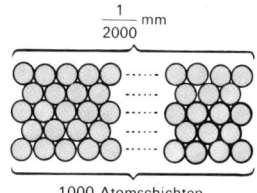

1000 Atomschichten
Packung der Goldfolie

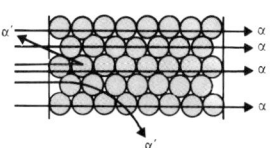

Schema des Durchgangs von α-Teilchen durch eine Goldfolie
(α' = abgelenktes α-Teilchen)

Um diesen Atomkern sind in relativ großer Entfernung die Elektronen verteilt. Das vorher berechnete Atomvolumen stimmte in der Tat mit dem Volumen der Elektronenhülle überein. Das Atom mußte also größtenteils als „leer" betrachtet werden.

Atomkern	Atomhülle
trägt die positive Ladung des Atoms	trägt die negative Ladung des Atoms
beinhaltet fast die gesamte Masse des Atoms	nahezu masselos
befindet sich im Zentrum des Atoms	umgibt den Atomkern
stößt α-Teilchen ab	wird von α-Teilchen durchdrungen
Durchmesser weniger als 1 Zehntausendstel des Durchmessers der Atomhülle	Durchmesser mehr als 10 000mal so groß wie Durchmesser des Atomkerns

Es leuchtet ein, daß *Thomsons* Vorstellung eines statischen Systems, d. h. eines Atoms mit ruhenden Elektronen, nicht haltbar ist, da die negativ geladenen Elektronen aufgrund der elektrostatischen Anziehungskraft in den Kern stürzen würden. *Rutherford* stellte daher folgende Hypothese auf: *Die Elektronen kreisen auf planetenähnlichen Bahnen um den Atomkern.* Diese Annahme steht – Rutherford war sich dessen wohl bewußt – in krassem Widerspruch zu den Gesetzen der klassischen Physik, da eine solche Rotationsbewegung der Elektronen eine Beschleunigung aufweist. Die Elektrodynamik fordert aber, daß eine beschleunigte Ladung „strahlt" und somit Energie verliert. Für die Elektronen würde das bedeuten, daß sie, und damit das Atom, immer mehr Energie verlieren, bis das Atom schließlich in sich zusammenfällt. Die betreffende Energie ist nämlich durch die ursprüngliche potentielle Energie der im elektrischen Feld des Kerns umlaufenden Elektronen gegeben.

3. Die Struktur des Atomkerns

Einen einzelnen Atomkern bezeichnet der Kernphysiker einfach als *Kern*. Sobald er jedoch von Kernen mit gleicher Beschaffenheit spricht, verwendet er den Begriff *Nuklid*. Jedes Nuklid ist eindeutig charakterisiert durch die Anzahl seiner Protonen, die man auch als *Kernladungszahl* oder *Ordnungszahl* bezeichnet. Ein Nuklid ist aber auch gekennzeichnet

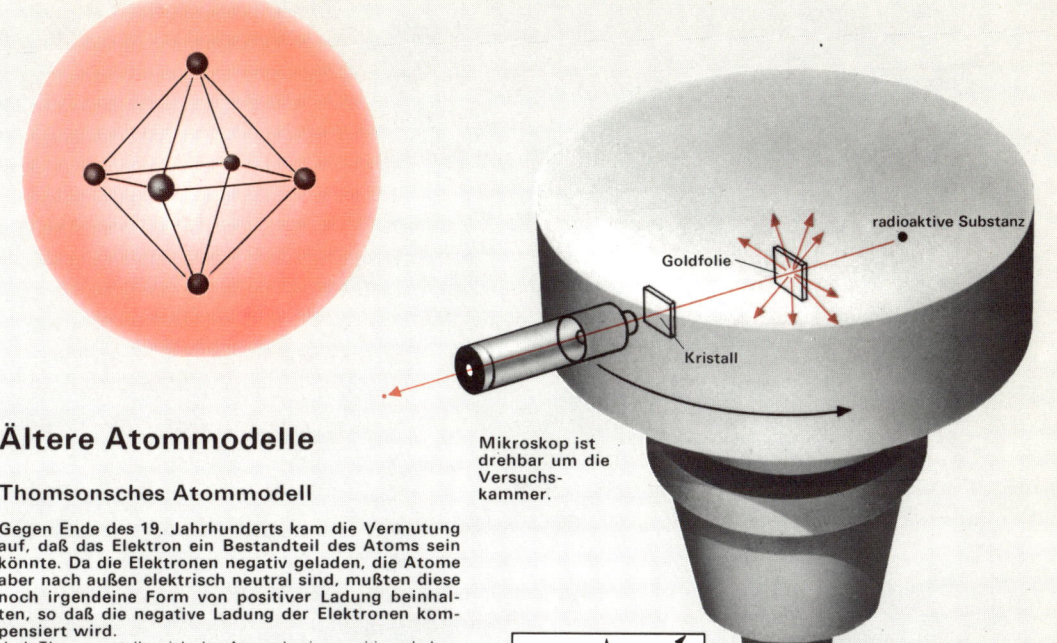

radioaktive Substanz

Goldfolie

Kristall

Mikroskop ist
drehbar um die
Versuchs-
kammer.

Atomkern

zur Vakuumpumpe

Ältere Atommodelle

Thomsonsches Atommodell

**Gegen Ende des 19. Jahrhunderts kam die Vermutung
auf, daß das Elektron ein Bestandteil des Atoms sein
könnte. Da die Elektronen negativ geladen, die Atome
aber nach außen elektrisch neutral sind, mußten diese
noch irgendeine Form von positiver Ladung beinhalten, so daß die negative Ladung der Elektronen kompensiert wird.**

J. J. Thomson stellte sich das Atom als eine positiv geladene
Kugel vor, in der die negativ geladenen Elektronen so angeordnet sein sollten, daß die zwischen ihnen wirkenden
elektrostatischen Kräfte sich gegenseitig kompensieren. Das
ist dann der Fall, wenn die Elektronen in einfachen geometrischen Figuren angeordnet sind. So könnten z. B. 6 Elektronen
eines Atoms in den Ecken eines Oktaeders angeordnet sein
(oben).

Die *Rutherfordschen Streuversuche* (1910) zeigten, daß das
Thomsonsche Modell nicht leistungsfähig sein konnte. Rutherford schoß α-Teilchen durch eine Goldfolie und untersuchte
mit einem Mikroskop die Streuung der Teilchen. Alle Teilchen,
die auf einen vor das Mikroskop gesetzten Szintillations-
kristall trafen, erzeugten kleine Lichtblitze (rechts).

Das Experiment zeigte, daß die gesamte positive Ladung
des Atoms in einem sehr kleinen Volumen konzentriert ist,
da die positiv geladenen α-Teilchen durch die elektrostatischen
Abstoßungskräfte stark aus ihrer ursprünglichen Bahn abgelenkt wurden. Das wäre aber bei dem Thomsonschen
Atom, in dem die positive Ladung pro Volumeneinheit sehr
klein ist, nicht der Fall.

Rutherfordsches Atommodell

Nach dem *Rutherfordschen* Atommodell (links) besteht das
Atom aus einem sehr kleinen, positiv geladenen Kern, in dem
nahezu die gesamte Masse des Atoms enthalten ist. Um den
Kern laufen die Elektronen auf Kreis- oder Ellipsenbahnen.
Der Kernradius wird auf ein Zehntausendstel des Atomradius
geschätzt.

Man stellte fest, daß das Verhältnis der Ladung eines Kerns
zu der des Wasserstoffatoms kleiner ist als deren Massenverhältnis. Wenn man annahm, daß der Kern des Wasserstoffatoms nur aus einem Proton besteht, so konnte das nicht
auch für die übrigen Kerne gelten. Wenn sie nur aus Protonen
bestünden, hätten sie eine höhere Ladung besitzen müssen.
Der Überschuß könnte durch Elektronen im Kern kompensiert
werden. So vermutete man beispielsweise, daß der Kern des
Kohlenstoffatoms mit der Ladung +6 aus 12 Protonen und
6 Elektronen besteht (unten).

Die Masse von Teilchen in der Größenordnung von Atomen bestimmt man heute mit dem Massenspektrographen (s. S. 119).

Man hat international vereinbart, die Massenzahl immer links oben vor das Symbol des chemischen Elements zu schreiben und die Kernladungszahl (= Ordnungszahl) links unten vor dem Elementsymbol zu vermerken.

Beispiel: „Steckbrief" eines Fluoratoms.

Atommassenzahl **19**

$$\mathbf{F}_{\text{Elementsymbol}}$$

Ordnungszahl **9**

Die in Tabellen und Periodentafeln (vgl. S. 62) angegebene Atommassenzahl setzt sich zusammen aus der Massenzahl der einzelnen Isotope des Elements und deren prozentualer Verteilung in der Natur.

Nukleon	Ladung	Ruhemasse
Proton	+	1,007 6 u
Neutron	0	1,008 6 u

durch die *Gesamtzahl der Protonen und Neutronen*, die man folgerichtig *Massenzahl* nennt. Oft wird auch die *Neutronenzahl* angegeben, die *gleich der Massenzahl minus der Protonenzahl* ist.

Nuklide mit gleicher Protonenzahl, aber unterschiedlicher Massenzahl, nennt man *Isotope*. Die Isotope eines chemischen Elements haben dieselbe Ordnungszahl und stehen daher im Periodensystem (vgl. S. 62) an derselben Stelle (gr. *isos* – gleich; gr. *topos* – Ort). So wie die meisten chemischen Elemente im natürlichen Zustand vorliegen, stellen sie ein Isotopengemisch dar. Das chemische Element Chlor z. B. besteht aus einem Gemisch der beiden natürlich vorkommenden Chlorisotope, nämlich zu 75,4 % aus dem Isotop ^{35}Cl und zu 24,6 % aus dem Isotop ^{37}Cl. Im Periodensystem findet man daher für das Element Chlor die Massenangabe 35,45. Ein chemisches Element, von dem zwei oder mehr Isotope in der Natur vorkommen (wie dies z. B. beim Chlor der Fall ist), nennt man *Mischelement*. Existiert von einem Element nur ein einziges natürliches Isotop (dies ist z. B. beim Beryllium der Fall), so spricht man von einem *Reinelement*.

Die wichtigsten Bausteine des Atomkerns sind die Protonen und Neutronen, die zusammen oft auch als Nukleonen bezeichnet werden. Da die Masse beider Elementarteilchen ungefähr 1 u ist, kann man auch von der *Nukleonenzahl* statt von der Massenzahl sprechen.

Kernkräfte

Seit *Rutherfords* Streuversuchen wurden bis heute viele Experimente zur Bestimmung der Dimension von Atomkernen durchgeführt. Sie ergaben, daß die Radien der Atomkerne zwischen 10^{-3} nm (bei den leichtesten Nukliden) und $7 \cdot 10^{-3}$ nm (bei den schwersten Nukliden) liegen.

Wenn der Atomkern wirklich aus mehreren Protonen besteht, die auf einem sehr kleinen Raum zusammengepackt sind, dann müssen zwischen ihnen äußerst große Abstoßungskräfte wirken; denn es sind Teilchen gleicher Ladung, die sich nur in sehr kleinem Abstand voneinander befinden. Da die meisten Kerne normalerweise stabil sind, muß man annehmen, daß neben den elektrostatischen Abstoßungskräften sehr starke Anziehungskräfte zwischen den Nukleonen wirken; Kräfte, die stark genug sind, die Kernbausteine zusammenzuhalten. Hier stoßen wir jedoch auf theoretische

18

Schwierigkeiten. Da die Kernkräfte nur im Kern auftreten und da in keinem makroskopischen System etwas Entsprechendes beobachtet wird, können sie nur im Kern selbst untersucht werden. Daher sind sie im Gegensatz zur Elektronenhülle des Atoms noch fast unbekannt. Die Kräfte, die das System Elektronen/Kern beherrschen, sind wahrscheinlich die klassischen elektrostatischen (und elektromagnetischen) Kräfte, die man schon lange vor der Aufstellung von Atommodellen kannte.

Die *Rutherford*schen Streuversuche hatten gezeigt, daß die positive elektrische Ladung des Atoms und fast seine gesamte Masse im Atomkern konzentriert sind. Im einfachsten Beispiel – im Falle des Wasserstoffatoms – war es leicht nachzuweisen, daß der Kern einfach positiv geladen ist. Er erhielt eine eigene Bezeichnung: *Proton* (gr. *protos* – der Erste). Später konnte man nachweisen, daß Protonen in den Kernen aller Atome vorkommen. Sie waren z. B. bei Kernumwandlungen als Bruchstücke immer wieder aufgetreten.

Bei der Bestrahlung von Beryllium mit α-Teilchen entdeckte man eine sehr durchdringende Strahlung, die unbehindert durch schwere Materie (z. B. einen 50 cm dicken Bleiblock) drang. Im Jahre 1932 vermutete der Engländer *Chadwick*, daß es sich dabei um ungeladene Elementarteilchen handeln müsse, da sie keine elektrische Wechselwirkungen mit der Materie zeigten, außer bei direktem Zusammenstoß. Aufgrund der Energieübertragung im Falle des Zusammenstoßes mußten sie ungefähr die Masse eines Protons aufweisen. *Chadwick* nannte das von ihm postulierte Teilchen Neutron. Mit der gesicherten – weil später von *Chadwick* experimentell bewiesenen – Existenz der Neutronen konnte man leicht alle möglichen Kombinationen von Ordnungszahl und Atommasse der Isotope ableiten.

Obwohl man noch nicht in der Lage ist, eine einheitliche Theorie aufzustellen, so erhielt man doch experimentell und theoretisch einige charakteristische Eigenschaften der Kernkräfte. Die beiden wesentlichsten Eigenschaften sind: die Kernkräfte wirken bei kleinem Abstand stark anziehend und haben eine sehr kurze Reichweite. Die Kernkräfte sind also innerhalb eines sehr kleinen Raumes so stark, daß sie die *Coulombsche* Abstoßungskraft kompensieren. Dadurch sind wiederum die Abmessungen eines Kerns festgelegt, wenn er stabil sein soll. Man vermutet, daß die Kernkräfte auf extrem kleinem Abstand stark abstoßend wirken, was zur Folge

Kernkräfte
Die Kräfte, die den Atomkern zusammenhalten, sind noch nicht vollständig bekannt. Da sie auch auf die Neutronen wirken, können sie nicht elektromagnetischer Art sein. Außerdem wären elektrische Kräfte zu schwach, als daß mit ihnen die beobachteten Phänomene erklärt werden könnten.
Wir wissen über die Kernkräfte nur folgendes: sie sind sehr stark anziehend, wirken gleich stark auf Protonen und Neutronen und haben eine sehr kurze Reichweite. In extrem kurzem Abstand wirken sie jedoch stark abstoßend.

19

hat, daß sich die Nukleonen im Kern einander nicht beliebig nähern können.

Ferner entdeckte man, daß die Elektronen und auch die Nukleonen einen *Spin* haben; d. h., sie verhalten sich so, als ob sie sich um ihre eigene Achse drehen (vgl. S. 50). Die Kraft, die die Nukleonen aufeinander ausüben, hängt von deren Spinstellung ab. Diese zeigt eine Richtungsquantelung. Man vermutet, daß das Kernkraftfeld bei zunehmender Nukleonenzahl nach und nach „gesättigt" wird. Nur mit dieser Hypothese läßt sich verstehen, daß die Dichte der Nukleonen – d. h. die Zahl der Nukleonen im Kern pro Volumeneinheit – für alle Kerne annähernd gleich ist. Diese Eigenschaft zeigt auch noch eine andere Größe, die man als „Bindungsenergie pro Nukleon" bezeichnet. Bemerkenswert ist noch, daß die Zahl der Neutronen in allen Kernen (mit Ausnahme einiger sehr leichter Kerne) größer ist als die Protonenzahl und daß dieser Neutronenüberschuß um so größer ist, je schwerer die Kerne sind. Dieser Neutronenüberschuß ist notwendig, um die elektrostatischen Abstoßungskräfte zu kompensieren, wenn das Feld der Kernkräfte gesättigt ist.

Hideki Yukawa (geb. 1907), japanischer Physiker. 1949 erhielt er den Nobelpreis für seine Forschungen zur Voraussage der Existenz der Mesonen im Zusammenhang mit theoretischen Untersuchungen über die Kernkräfte.

Mesonentheorie der Kernkräfte. 1935 stellte der japanische Physiker *Yukawa* eine Theorie auf, nach der die Anziehungskräfte zwischen zwei Nukleonen dadurch entstehen, daß zwischen den Nukleonen ein ständiger Austausch von damals noch unbekannten Teilchen stattfindet. Der Theorie nach muß die Masse dieser Teilchen zwischen derjenigen der Protonen und derjenigen der Elektronen liegen. Man nennt sie *Mesonen. Yukawa* nimmt an, daß alle Nukleonen von einem „Mesonenfeld" umgeben sind, dessen Abmessungen der Reichweite der Kernkräfte entsprechen.

Die Wirkungsweise der Kernkräfte kann man sich, stark vereinfacht, so vorstellen: Ein Nukleon stößt ein Meson aus, absorbiert es aber sehr schnell wieder, wenn sich kein anderes Nukleon in der Nähe befindet. Ist dagegen ein benachbartes Nukleon vorhanden, so wird das ausgestoßene Meson von dem anderen Nukleon absorbiert. Dieses sendet unmittelbar danach ein neues Meson aus, das wiederum vom ersten Nukleon absorbiert wird usw. *Die Kernkräfte bestehen danach also in einem ununterbrochenen Austausch von Mesonen zwischen den einzelnen Nukleonen.*

Da die Kernkräfte erfahrungsgemäß gleich stark sind, ob sie nun zwischen Protonen und Neutronen oder zwischen Protonen- bzw. Neutronenpaaren wirken, nimmt man an, daß es drei Arten von Mesonen gibt, nämlich positiv geladene, negativ geladene und elektrisch neutrale. Die Kraftwirkung zwischen einem Proton und einem Neutron müßte also so vor sich gehen, daß das Proton ein positiv geladenes Meson emittiert, das vom Neutron absorbiert wird. Dadurch wird das Proton zu einem Neutron und das Neutron zum Proton. Anderseits kann ein Neutron ein negativ geladenes Meson ausstoßen, das dann von einem Proton absorbiert wird. Das bringt ebenfalls eine entsprechende Umwandlung der beiden Teilchen mit sich. Die Kräfte zwischen zwei Protonen oder zwei Neutronen entsprechen schließlich einem Austausch von neutralen Mesonen.

Aus *Yukawas* Hypothese stellt sich die Frage nach einer eventuellen Struktur des Neutrons und des Protons. Erst in den letzten Jahren war es dank der Entwicklung von Beschleunigern für Teilchen sehr hoher Energie möglich, dieses Problem experimentell in Angriff zu nehmen. Die Untersuchung der Streuung sehr energiereicher Elektronen an Protonen und Neutronen zeigte, daß die Nukleonen eine Ladungsverteilung aufweisen, die sich in drei Zonen aufgliedern läßt (vgl. Abb. S. 22).

Diese Ergebnisse haben neue, grundsätzliche Fragen aufgeworfen, so z.B., ob man eine Struktur nach der oben beschriebenen Art überhaupt in Betracht ziehen kann, daß also ein Elementarteilchen wiederum aus verschiedenen Teilchen zusammengesetzt ist. Fragestellungen dieser Art beweisen, daß wir bis heute noch keine einheitliche Theorie über den Atomkern und seine Bausteine besitzen.

Modelle vom Atomkern

Bis heute wurden im Aufstellen von Modellen für eine lückenlose Beschreibung der Erscheinungen, die vom Atomkern ausgehen, lediglich Teilerfolge erzielt. Dies liegt vornehmlich darin begründet, daß die aus anderen Zweigen der Physik übertragenen Theorien nicht auf den Atomkern anwendbar und die Ergebnisse experimenteller Untersuchungen noch nicht genügend abgesichert sind.

Die verschiedenen Kernmodelle unterscheiden sich voneinander durch die Bedeutung, die man dem gegenseitigen Einfluß der Bewegungen der Nukleonen beimißt. In einem Fall nimmt man an, daß jede Bewegung eines Nukleons unmittel-

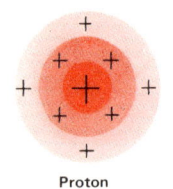

Proton

Struktur der Nukleonen

Die *Protonen* scheinen eine innere Struktur zu besitzen. Man stellt sich vor, daß ihre Ladung folgendermaßen verteilt ist. 40 Prozent der Ladung befinden sich in einem Kern, 50 Prozent in einer mittleren Zone und 10 Prozent in der äußeren Zone. Die mittlere Zone wird in Form eines sog. *Mesons* ausgetauscht, wobei das Proton sich in ein Neutron verwandelt.

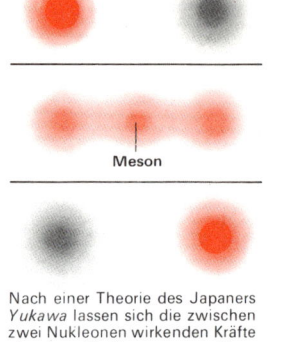

Meson

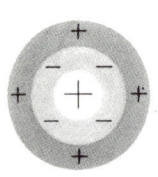

Neutron

Das *Neutron* hat denselben Aufbau. Nur ist bei ihm die mittlere Zone negativ, so daß es nach außen elektrisch neutral ist.

Nach einer Theorie des Japaners *Yukawa* lassen sich die zwischen zwei Nukleonen wirkenden Kräfte als ein ständiger gegenseitiger Austausch eines positiv geladenen *Mesons* deuten. Jedes der beiden Nukleonen verwandelt sich fortwährend von einem *Proton* in ein *Neutron* und umgekehrt.

Otto Hahn

Otto Hahn (1879–1968) und Fritz Straßmann (geb. 1902) führten 1938 in Berlin beobachtete Unstimmigkeiten bei den Eigenschaften vermeintlicher Transurane auf einen bis dahin unbekannten Zerfallsprozeß zurück, nämlich auf die Spaltung des Urankerns. *Hahn* wurde für diese Entdeckung 1945 mit dem Nobelpreis für Chemie ausgezeichnet.

α-Teilchen bestehen aus Kernen von Heliumatomen; d.h. aus zwei Protonen und zwei Neutronen. Sie sind zweifach positiv geladen und weisen eine Masse von 4 u auf.
β-Teilchen sind – vereinfacht gesagt – Elektronen, die dem Atomkern entstammen.

bar auf die Kernmaterie und so auf die Bewegungen aller anderen Nukleonen wirkt. Die Nukleonen, die in dieser Weise stark miteinander gekoppelt sind, verhalten sich nach diesem Modell etwa so wie die Moleküle in einem Flüssigkeitstropfen. Deshalb nennt man dieses Modell *Tröpfchenmodell*.

Dieses Modell erwies sich als brauchbar für die Beschreibung der Kernspaltung, die *Hahn* und *Straßmann* im Jahre 1938 entdeckten. Dieses Phänomen beruht darauf, daß einige schwere Kerne instabil werden und sich spalten, sobald sie von einem Neutron getroffen werden. Sie senden jedoch keine α- oder β-Teilchen aus, sondern teilen sich in zwei mittelschwere Kerne. Nach dem Tröpfchenmodell läßt sich die Kernspaltung wie folgt erklären: Das eindringende Neutron bewirkt eine Einschnürung des Tropfens, durch die die Tröpfchenmaterie in Schwingungen versetzt wird. Schließlich teilt er sich in zwei kleinere Tropfen. Dieses Verhalten zeigt ein Flüssigkeitstropfen, der durch eine Störung zu schwingen beginnt und schließlich in mehrere Tropfen zerfällt (vgl. Abb. S. 23).

Die Hypothese von *Yukawa* bezüglich der Existenz solcher Teilchen und ihrer Wirkung zwischen Protonen und Neutronen wurde erstmals im Jahre 1947 experimentell bestätigt. Es wurden jedoch noch andere Teilchen gefunden, deren Masse zwischen Elektronen- und Protonenmasse liegt und die man folglich ebenfalls als Mesonen ansprechen muß. Um die verschiedenen Mesonen zu unterscheiden, bezeichnet man sie

Kernmodelle

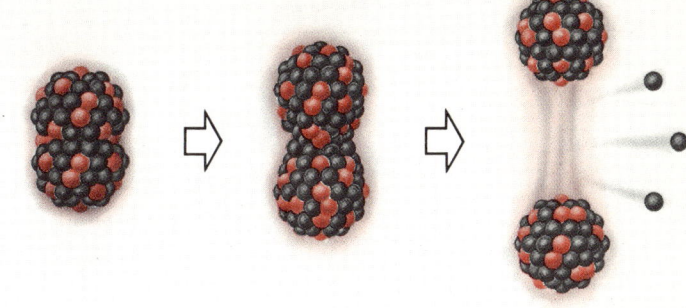

Tröpfchenmodell. Für den Atomkern wurden verschiedene Modelle aufgestellt, die sich in zwei Gruppen einteilen lassen: Modelle, in denen sich die Nukleonen unter der gegenseitigen Wechselwirkung bewegen, und Modelle, in denen sie sich unabhängig voneinander in einem gemeinsamen Potential befinden. Keines dieser Modelle gestattet eine Beschreibung aller bisher bekannten Kerneigenschaften. Bei dem zur ersten Kategorie zählenden Tröpfchenmodell kommt den einzelnen Teilchen keine besondere Bedeutung zu. Man betrachtet vielmehr Schwingungen der gesamten Kernmaterie, da durch sie beispielsweise der Prozeß der Kernspaltung anschaulich erklärt werden kann (Abb. rechts).

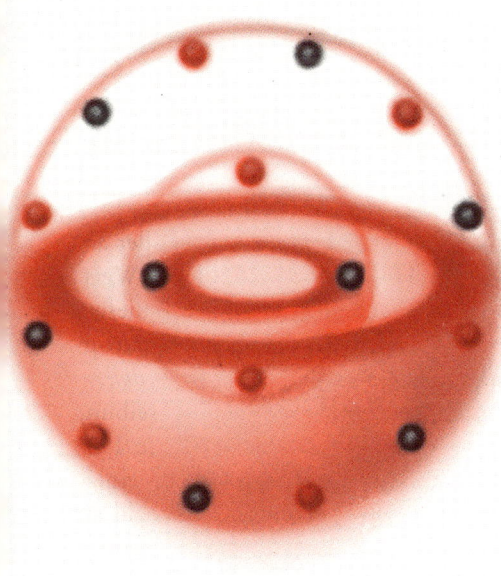

Schalenmodell. Im Schalenmodell werden die Nukleonen durch bestimmte Quantenzahlen charakterisiert, deren physikalische Bedeutung etwa den Quantenzahlen der Elektronen in der Elektronenhülle entspricht. Jedes Nukleon besitzt eine Hauptquantenzahl n, eine Bahndrehimpulsquantenzahl l und eine Spinquantenzahl s. Entsprechend dem Aufbau der Elektronenhülle sollen die Nukleonen in einzelnen *Schalen* angeordnet sein, in denen nach den Gesetzen der Quantenmechanik nur für eine bestimmte Anzahl jeder Nukleonensorte Platz ist. So ist die innerste Schale mit zwei Protonen und zwei Neutronen vollständig besetzt, die nächste Schale mit 6 Protonen und 6 Neutronen usw. Wie bei der Elektronenhülle bedeutet bei den Kernen die Vollständigkeit einer Schale, daß die entsprechende Struktur stabil ist. Links: symbolische Darstellung des Nuklids $^{16}_{8}O$ mit seinen zwei vollständig besetzten Schalen.

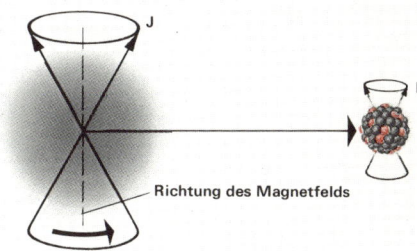

Der Atomkern besitzt einen Gesamtdrehimpuls *(Kernspin)*, der sich vektoriell aus dem Bahndrehimpuls und dem Eigendrehimpuls *(Spin)* der einzelnen Nukleonen zusammensetzt. Die Existenz eines Kernspins I kann mit Hilfe der *Kernspinresonanz* nachgewiesen werden (rechts): Ein Atomstrahl durchquert drei gleichgerichtete Magnetfelder. Die Felder 1 und 3 sind stark inhomogen, Feld 2 ist homogen. In den inhomogenen Feldern werden die Atome in zwei verschiedenen Richtungen abgelenkt, wobei sich die beiden Abweichungen gegenseitig kompensieren, so daß die Atome dennoch den Auffänger erreichen. Der Drehimpuls J der Elektronenhülle und der Kerndrehimpuls I sind zu einem Gesamtdrehimpuls F gekoppelt. Im Feld 1 wird diese Kopplung aufgehoben. Legt man an die Drahtschlinge eine Wechselspannung geeigneter Frequenz, so tritt das elektromagnetische Wechselfeld in Resonanz mit dem Kernspin, dessen Richtung in bezug auf das magnetische Feld sich ändert. Im Feld 3 hat daher das Atom eine andere Energie als im Feld 1. Die Ablenkung durch Feld 1 wird durch Feld 3 nicht mehr kompensiert. Das Atom fliegt am Auffänger vorbei.

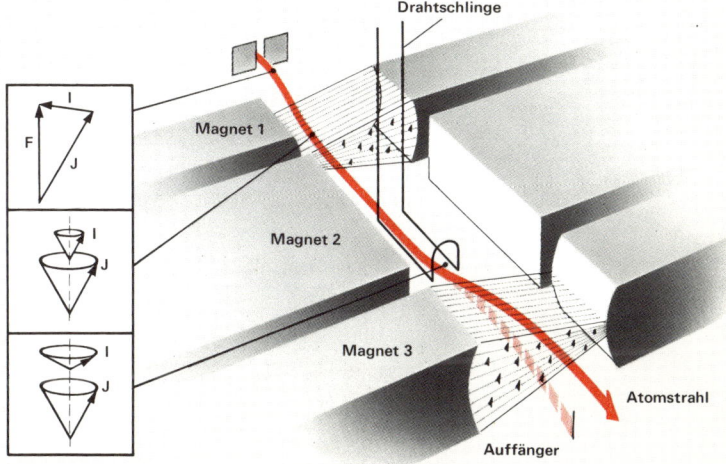

mit lateinischen oder griechischen Buchstaben. Das „ursprüngliche" Meson, also das von *Yukawa* vorhergesagte Teilchen, wird mit dem Symbol π gekennzeichnet. Man nennt es *Pi-Meson* oder *Pion*. Bezeichnet man das Proton mit *p* und das Neutron mit *n*, kann man die Vorgänge symbolisch folgendermaßen darstellen:

$$p \leftarrow \rightarrow n + \pi^+$$
$$n \leftarrow \rightarrow p + \pi^-$$
$$p \leftarrow \rightarrow p + \pi^0$$
$$n \leftarrow \rightarrow n + \pi^0$$

Trotz gewisser Erfolge beim Anwenden des *Tröpfchenmodells* lassen sich viele experimentell gegebene Tatsachen nicht erklären. Insbesondere liefert es keine Erklärung für die Beobachtungen, die zum eindeutigen Nachweis von Quantensprüngen im Kern führten. Diese sind denen vergleichbar, die sich in der Elektronenhülle des Atoms abspielen, wenn das Atom sichtbare oder unsichtbare elektromagnetische Strahlung emittiert. Um diesen Beobachtungen eine theoretische Grundlage zu geben, muß das Problem der Nukleonenbewegung quantenmechanisch behandelt werden.
Aufgrund der Unzulänglichkeiten des Tröpfchenmodells stellte man das sog. *Schalenmodell des Atomkerns* auf, das in einem gewissen Gegensatz zum erstgenannten Kernmodell steht. Die Nukleonen bewegen sich nach dem Schalenmodell unabhängig voneinander in einem gemeinsamen Potential. Das Schalenmodell, das älter als das Tröpfchenmodell ist, war eine Zeitlang wegen theoretischer Schwierigkeiten aufgegeben worden und gewann erst im Laufe der fünfziger Jahre wieder an Bedeutung.
Man hatte früher schon beobachtet, daß besonders die Nuklide stabil sind, bei denen die Anzahl der Protonen oder Neutronen gleich einer der *magischen Zahlen* 2, 8, 20, 28, 50, 82 oder 126 ist. Quantenmechanische Berechnungen, die man in den dreißiger Jahren unseres Jahrhunderts anstellte, lieferten tatsächlich einige magische Zahlen, die jedoch nur teilweise mit den experimentellen Ergebnissen übereinstimmten. Das Schalenmodell, das wir in Abb. S. 23 beschreiben, ist nach dem heutigen Stand der Kenntnis in seinem Geltungsbereich prinzipiell richtig mit dem Vorbehalt, daß es noch eine Reihe von Phänomenen gibt, die mit seiner Hilfe nicht zufriedenstellend erklärt werden können.

4. Die grobe Struktur der Atomhülle

Im Jahre 1913 erweiterte der dänische Physiker und Nobel-preisträger *Niels Bohr,* ein Schüler *J. J. Thomsons* und Mitarbeiter *E. Rutherfords,* das Kern-Hülle-Modell. *Bohrs* ganzes Interesse galt der Aufstellung eines Atommodells, das nicht – wie jenes von *Rutherford* – den Gesetzen des damali-gen physikalischen Weltbilds widersprach. *Bohr* brach daher mit den Prinzipien der *klassischen Mechanik* und wandte an deren Stelle Überlegungen an, die zur *Quantentheorie* (vgl. S. 26) geführt haben.

Niels Bohr (1885–1962)
Für seine Studien zur Struktur des Atoms erhielt der dänische Physiker im Jahre 1922 den Nobelpreis.

Auch *Bohr* ging – wie *Rutherford* – von der Annahme aus, daß der größte Teil der Masse eines Atoms in einem sehr klei-nen, positiv geladenen Kern konzentriert sei. Um diesen Kern kreist auch nach *Bohr* eine der Kernladungszahl entspre-chende Anzahl von Elektronen, und zwar mit einer ganz be-stimmten Geschwindigkeit. Er umging jedoch das Problem der ständigen Energieabgabe kreisender Elektronen (vgl. auch S. 16), indem er *Postulate* aufstellte. Das sind Forde-rungen, die sich weder überprüfen noch erklären lassen. Sie heißen: Stabilitäts-, Bahn- und Frequenzbedingung.

Bohrsche Postulate

Die *Stabilitätsbedingung* beinhaltet, daß Atome auch dann existieren können (bzw. „stabil" sind), wenn ihnen *nicht* ständig Energie zugeführt wird.

Die *Bahnbedingung* besagt, daß unter den unendlich vielen Bahnen, welche die Elektronen nach der klassischen Mecha-nik um den Atomkern beschreiben können, in Wirklichkeit *nur ganz bestimmte Bahnen existieren.* Nur diese erfüllen die Quantenbedingungen. Jeder dieser Bahnen (Quantenzu-stände) entspricht ein bestimmter Energieinhalt des Atoms, d.h. des Systems Elektron/Kern. Im Widerspruch zu den Gesetzen der klassischen Elektrodynamik emittieren die Elektronen trotz ihrer beschleunigten Bewegungen keine Strahlung, wenn sie auf einer dieser ausgewählten Bahnen laufen. Zwischen zwei Bahnen können sie sich *nicht* aufhal-ten.

Frequenzbedingung. Das Atom emittiert oder absorbiert Strahlung, wenn ein Elektron von einer Bahn auf eine andere springt oder – anders ausgedrückt – wenn es von einem

Quantenzustand in einen anderen übergeht. Man spricht vom *Quantensprung* des Elektrons. Der Energieunterschied zwischen den beiden Quantenzuständen wird in Form von elektromagnetischer Strahlung (z.B. Licht) ausgesandt oder absorbiert. Besitzt der Ausgangszustand eine höhere Energie als der Endzustand, erfolgt Strahlungsemission. Im umgekehrten Fall wird Strahlung absorbiert. Die Frequenz der emittierten bzw. absorbierten Strahlung (ν) ist durch den Energieunterschied beider Zustände bestimmt und durch die Gleichung

$$E_1 - E_2 = h\nu \tag{1}$$

gegeben, wobei E_1 und E_2 die den beiden Zuständen entsprechenden Energien und h das *Plancksche Wirkungsquantum* sind. Durch diese letzte Hypothese hat *Bohr* mit seinem Atommodell die schon von *Planck* und *Einstein* vorausgesagte Quantennatur des Lichts berücksichtigt.

Zusätzlich zu seinen Postulaten formulierte *Bohr* später noch das *Korrespondenzprinzip*, nach dem die klassische Physik als Grenzfall der Quantenphysik angesehen werden kann. Die Gesetze der Quantenphysik stimmen für sehr große Quantenzahlen mit denen der klassischen Physik überein.

Plancksches Wirkungsquantum
$$h = 6{,}625 \cdot 10^{-27}\,\text{erg} \cdot \text{sec}$$
$$= 0{,}6625 \cdot 10^{-33}\,\text{W} \cdot \text{sec}^2$$

James Clark Maxwell (1831 bis 1879) stellte im Jahre 1862 die bekannte Gleichung für die Ausbreitung elektromagnetischer Felder auf.

Max Karl Ernst Ludwig Planck (1858–1947) erhielt 1918 den Nobelpreis für seine Quantenhypothese.

Quantentheorie

Gegen 1860 zeigte *Maxwell* auf theoretischem Wege, daß sich elektromagnetische Wellen mit Lichtgeschwindigkeit ausbreiten können. Bald darauf wurden elektromagnetische Wellen (Radiowellen) entdeckt, die sich von denen des Lichts nur in der Wellenlänge bzw. Frequenz (Anzahl der Schwingungen pro Zeiteinheit) unterscheiden. Später konnte man zeigen, daß Licht von schwingenden elektrischen Ladungen („*Oszillatoren*") emittiert (= ausgestrahlt) wird. Dabei fand der deutsche Physiker *Max Planck* heraus, daß jeder kleine Oszillator Energie nicht kontinuierlich, sondern nur in *diskreten* „Paketen" abgeben kann, deren Energieinhalt proportional zur Oszillatorfrequenz ist. Wenn also ein Oszillator harmonische Schwingungen mit der Frequenz ν ausführt, so kann der gesamte Energieinhalt nach *Planck* nur einen der folgenden Werte haben:

$$E_1 = h\nu$$
$$E_2 = 2h\nu$$
$$\cdots \cdots$$
$$E_n = nh\nu$$

Hierbei ist *h* eine universelle Konstante, die man als *Planck-sches Wirkungsquantum* bezeichnet; *n* ist stets ganzzahlig. Die Naturkonstante hat die Dimension Energie mal Zeit und beträgt im cgs-System: $h = 6,625 \cdot 10^{-27}$ erg · sec ([*ET*]). Jedes dieser kleinen Energiepakete wird nach *Planck* als *Quant* bezeichnet.

Die 1900 veröffentlichte Quantentheorie bedeutete einen klaren Bruch mit der klassischen Physik, in der angenommen wird, daß ein Oszillator alle möglichen Energiewerte annehmen kann.

Photoelektrischer Effekt. Bestimmte Metalle emittieren Elektronen, wenn man sie mit Licht bestrahlt. Diese als photoelektrischer Effekt bekannte Erscheinung war zu Beginn unseres Jahrhunderts Gegenstand zahlreicher Untersuchungen und Spekulationen. Anfangs war man sich im unklaren darüber, welche Prozesse zur Entstehung dieses Effektes beitragen. Man hatte eine höchst interessante Entdeckung gemacht. Setzt man ein geeignetes Metall einer Strahlung bestimmter Wellenlänge (Farbe) aus, so haben die ausgesandten Elektronen unabhängig von der Intensität des einfallenden Lichtes alle die gleiche Energie. Durch Erhöhung der Lichtintensität läßt sich nur die Zahl der aus der Metalloberfläche austretenden Elektronen steigern, nicht aber die Energie der einzelnen Elektronen. Es zeigte sich auch, daß die emittierten Elektronen um so kleinere Energieinhalte besitzen, je langwelliger das einfallende Licht ist, d.h., je niedriger dessen Frequenz ist. So macht blaues Licht weit energiereichere Elektronen frei als rotes. Oberhalb einer bestimmten Grenzwellenlänge innerhalb des roten Spektralbereichs treten überhaupt keine Elektronen mehr aus der Metalloberfläche aus.

Als *Planck* seine Quantentheorie entwickelte, galt sein eigentliches Interesse den Oszillatoren. Er hielt es nicht für wichtig, neue, von der klassischen Physik abweichende Hypothesen zu formulieren, die die Ausbreitung des Lichts nach seiner Entstehung erklären könnten. Mit diesem Problem beschäftigte sich *Albert Einstein* im Jahre 1905 und erkannte den Mechanismus des photoelektrischen Effekts.

Einstein nahm an, daß Licht aus „Energiepaketen" der Energie *hv* besteht, die sich in bestimmten Fällen wie Teilchen verhalten. Diese „Lichtteilchen" nennt man *Photonen*. Der Photoeffekt besteht nun darin, daß die einfallenden Photonen Stöße mit den Elektronen an der Metalloberfläche erleiden. Licht einer bestimmten Farbe schwingt mit einer bestimm-

Ein Experiment, bei dessen Deutung sich die Quantentheorie als nützlich erweist, ist jenes zum Nachweis des sog. „licht- oder photoelektrischen Effekts":

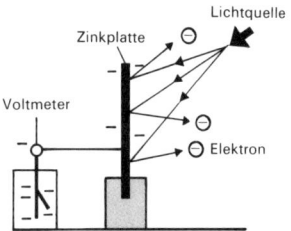

Licht macht aus der blanken Zinkplatte Elektronen frei.

Albert Einstein (1879–1955) deutete den photoelektrischen Effekt mit Hilfe der Planckschen Quantenhypothese. Er erhielt 1921 den Nobelpreis für Physik.

ten Frequenz; d.h., es setzt sich aus Photonen einheitlicher Energie zusammen. Das bedeutet aber, daß die durch Stöße mit Photonen gleicher Energie freigesetzten Elektronen monoenergetisch sind, also alle die gleiche Energie besitzen. Erhöht man die einfallende Lichtintensität, so wird nur der Photonenstrom vergrößert, nicht aber die Energie der einzelnen Photonen. Steigerung der Lichtintensität bewirkt lediglich die Freisetzung einer höheren Anzahl von Elektronen. Es mußte daher angenommen werden, daß eine gewisse Minimalenergie erforderlich ist, um Elektronen aus der Metalloberfläche herauszulösen. Ist die Frequenz des Lichtes so gering, daß die Energie des einzelnen Photons unter dieser kritischen Energiegrenze liegt, so werden keine Elektronen mehr freigesetzt. Die Vorstellung *Einsteins*, daß das Licht in bestimmten Fällen korpuskelähnliches Verhalten zeigt, bedeutete einen noch folgenschwereren Bruch mit der klassischen Physik als die Quantenhypothese *Plancks*. *Einsteins* Behauptung stand in krassem Widerspruch zu der theoretisch und experimentell untermauerten, allgemein akzeptierten Theorie, nach der sich das Licht wie eine Welle verhält. Gerade als die klassische Physik nahezu vor ihrer Vollendung stand, wurde sie durch die von *Planck* und *Einstein* entwickelte Quantentheorie sehr in Frage gestellt. Es zeigte sich, daß die in der klassischen Physik gemachten Voraussetzungen nicht mehr vertretbar waren.

Bahnen und Energien

Im einfachsten Fall einer Kreisbahn mit dem Radius r erfährt das umlaufende Elektron eine Normalbeschleunigung v^2/r, wobei v die Geschwindigkeit des Elektrons ist. Diese Beschleunigung entspricht einer Zentripetalkraft, die in diesem Fall durch die elektrostatische Anziehung zwischen den Elektronen der Ladung e und dem Kern mit der Ladung Ze gegeben ist. Z ist die Anzahl der positiven Ladungen im Kern und wird als Ordnungszahl des Atoms bezeichnet. Die Kraft ist durch das *Coulomb*sche Gesetz gegeben:

$$K = \frac{Ze^2}{4\pi\varepsilon_0 r^2}$$

Die der *Coulomb*kraft entgegengerichtete Kraft ist die Zentrifugalkraft: mv^2/r, wobei m die Elektronenmasse bedeutet. Beide Kräfte sind dem Betrag nach gleich:

Charles Augustin de Coulomb (1736–1806) ist der Begründer der wissenschaftlichen Elektrizitätslehre.

28

$$\frac{Ze^2}{4\pi\varepsilon_0 r^2} = \frac{mv^2}{r}$$

Daraus folgt:

$$r = \frac{Ze^2}{4\pi\varepsilon_0 mv^2} \qquad (2)$$

Bisher haben wir nur mit den Gesetzen der klassischen Mechanik gerechnet, d. h., es wurde vorausgesetzt, daß r jeden möglichen Wert annehmen kann, der nur vom Betrag der Geschwindigkeit abhängt. Nach *Bohr* sind nun nur *die* Bahnen möglich, für die der Drehimpuls mvr des Elektrons ein ganzzahliges Vielfaches von $h/2\pi$ ist. Das heißt: die Gleichung

$$mvr = n\,\frac{h}{2\pi} \qquad n = 1, 2, 3\ldots \qquad (3)$$

muß erfüllt sein. Gleichung (3) ist ein Postulat. Die ganze Zahl n nennt man die *Hauptquantenzahl* des Elektrons. Für gegebenes n sind nun die Werte r und v eindeutig durch die Gleichungen (2) und (3) bestimmt. So findet man für r:

$$r = n^2\,\frac{\varepsilon_0 h^2}{\pi m e^2 Z} \qquad (4)$$

Die Radien der möglichen Bahnen sind somit proportional zu n^2. Für das leichteste Element, den Wasserstoff mit $Z = 1$, berechnet sich der Radius der engsten Elektronenbahn ($n = 1$) aus (4) zu 0,053 nm. Dieser aus dem *Bohr*schen Atommodell berechnete Wert ist von der gleichen Größenordnung wie der früher aus der kinetischen Gastheorie abgeleitete Atomradius.

Die Gesamtenergie des Elektrons ist gleich der Summe aus potentieller und kinetischer Energie. Die potentielle Energie des Elektrons im Kernfeld beträgt $-Ze^2/4\pi\varepsilon_0 r$, seine kinetische Energie $\frac{1}{2}mv^2$. Mit Hilfe der Gleichungen (2) und (4) kann man v und r eliminieren und erhält den folgenden Ausdruck für die Energie E_n des Elektrons für einen bestimmten Wert von n:

$$E_n = -\,\frac{me^4 Z^2}{8\varepsilon_0^2 h^2 \cdot n^2} \qquad (5)$$

Der Energieinhalt eines Elektrons, welches sich in einem durch die Kernladungszahl Z bestimmten Atom aufhält, ist durch dessen Hauptquantenzahl n gegeben und nimmt mit wachsendem n (wegen des negativen Vorzeichens) rasch zu.

Eine genauere Betrachtung wird später jedoch zeigen, daß die Energie außer von n auch noch von anderen Parametern abhängt.

Das Wasserstoffspektrum

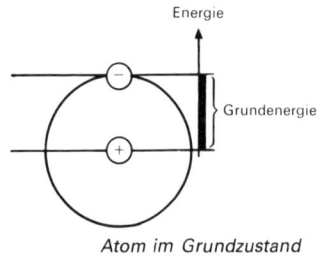

Atom im Grundzustand

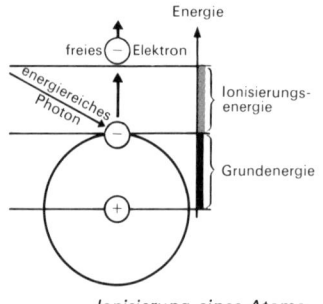

Ionisierung eines Atoms

Ausgangspunkt für *Bohrs* Untersuchungen war das Wasserstoffspektrum. Wie oben erwähnt, besagt die *Stabilitätsbedingung*, daß Atome auch dann stabil sind (d. h. nicht „zerfallen" oder „zusammenfallen"), wenn ihnen von außen keine Energie zugeführt wird. Damit sich aber ein Elektron nicht mit dem Atomkern vereinigt, sondern sich stets in einem bestimmten Abstand vom Kern aufhält, ist Energie notwendig. Diese wird jedoch nicht von außen zugeführt; sie entstammt vielmehr dem System Elektron/Atomkern. Der kleinste Energiebetrag, der dem Elektron eines Atoms zukommen kann, ist dessen *Grundenergie*. Das Atom befindet sich dann im *Grundzustand*.

Wird einem Atom ein relativ hoher Energiebetrag von außen zugeführt, so ist es den Elektronen möglich, ihren Abstand vom Atomkern so stark zu vergrößern, daß sie vom positiv geladenen Atomkern nur noch schwach angezogen werden und sie sich schließlich ganz vom Atom(kern) entfernen. Dabei kommt es zur Ausbildung „*freier Elektronen*" und positiv geladener *Ionen* (vgl. S. 82). Bei dem auf S. 27 beschriebenen photoelektrischen Effekt liefert ultraviolettes Licht die notwendige Energie zur Ionisierung der Atome bzw. zur Bildung „freier Elektronen".

Elektronen können Licht absorbieren („verschlucken") und dadurch ihren Energieinhalt vergrößern. Sie können auch Licht emittieren (abstrahlen). Beim photoelektrischen Effekt haben die Elektronen der Atome der Metallplatte Licht absorbiert. In Leuchtstoffröhren hingegen emittieren Elektronen Licht. Bringt man Wasserstoffgas in eine Leuchtstoffröhre, so kann beim Anlegen einer elektrischen Spannung ein Teil der Wasserstoffmoleküle in Atome gespalten werden. Diese sind in der Lage (wie übrigens auch die Moleküle, die aber für unsere weiteren Betrachtungen in diesem Zusammenhang unberücksichtigt bleiben sollen), Energie aufzunehmen und diese wieder in Form von Photonen – und damit als Licht – zu emittieren. Dieses Licht kann man leicht mit Hilfe eines *Spektroskopes* (das ist ein Gerät zur direkten Beobachtung des Spektrums; vgl. S. 110) untersuchen und aus den Ergebnissen Schlußfolgerungen auf die Struktur der Atomhülle ziehen. Zur spektroskopischen Untersuchung läßt man das Licht durch ein für das Licht durchlässiges Prisma fallen:

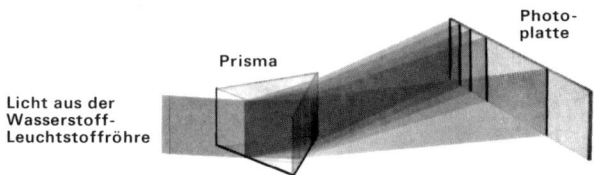

Prisma

Photo-
platte

Licht aus der
Wasserstoff-
Leuchtstoffröhre

Dabei werden die Lichtstrahlen entsprechend der Wellenlänge und damit auch der Frequenz unterschiedlich stark
gebrochen, so daß das Licht nicht als einheitlicher Strahl,
sondern in seine Farbkomponenten zerlegt das Prisma verläßt. Jede Farbkomponente entspricht einem genau abge-
grenzten Wellenlängen- bzw. Frequenzbereich.
Das *Wasserstoffemissionsspektrum* (vgl. Abb. S. 34 und 35)
war schon den Chemiker- und Physikergenerationen vor der
Zeit *Bohrs* bekannt. Man hatte jedoch keine Erklärung für
die mit H_α, H_β usw. gekennzeichneten *Spektrallinien*. Es war
lediglich geklärt, daß die Spektrallinien von Licht unterschiedlicher Wellenlänge (und damit auch unterschiedlicher
Frequenz) herrühren. Gegen Ende des 19. Jahrhunderts
konnten *Balmer* und andere Forscher zeigen, daß die Linien
im Wasserstoffspektrum so zu Serien zusammengefaßt werden können, daß die Wellenzahl ($N = 1/\lambda$) jeder dieser Linien
nach der folgenden einfachen Formel berechnet werden kann:

$$N = \frac{R}{n_2^2} - \frac{R}{n_1^2} \qquad (6)$$

R ist hier eine Konstante, die nach dem Physiker *Johannes
Rydberg* als *Rydbergkonstante* bezeichnet wird: n_1 und n_2
sind ganze Zahlen; n_2 ist für jede Linienserie konstant, und
n_1, das immer größer als n_2 sein muß, hat für jede Linie der
Serie einen bestimmten Wert. Für $n_2 = 1$ und $n_1 = 2, 3$ usw.
erhält man die sog. *Lymanserie*, für $n_2 = 2$ und $n_1 = 3, 4$ usw.
die *Balmerserie* usw.
Der durch Formel (6) angegebene numerische Zusammenhang hat durch die *Bohr*sche Theorie eine ganz andere und
tiefere Bedeutung erhalten. Vergleicht man die Gleichungen
(6) und (5) miteinander und berücksichtigt man das *Bohr*sche
Postulat, so sieht man unmittelbar, daß die ganzen Zahlen
n_1 und n_2 in Gleichung (6) nichts anderes sind als die Haupt-
quantenzahlen vor und nach dem Elektronensprung, durch
den die betreffende Spektrallinie entsteht. R enthält alle Konstanten aus Gleichung (5) wie die Ladung und Masse des
Elektrons.

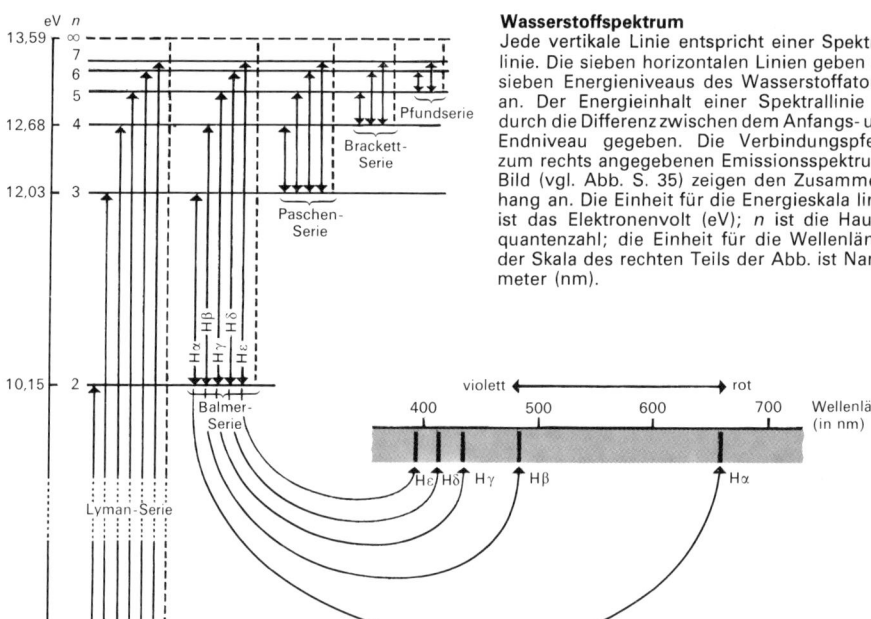

Wasserstoffspektrum

Jede vertikale Linie entspricht einer Spektrallinie. Die sieben horizontalen Linien geben die sieben Energieniveaus des Wasserstoffatoms an. Der Energieinhalt einer Spektrallinie ist durch die Differenz zwischen dem Anfangs- und Endniveau gegeben. Die Verbindungspfeile zum rechts angegebenen Emissionsspektrum-Bild (vgl. Abb. S. 35) zeigen den Zusammenhang an. Die Einheit für die Energieskala links ist das Elektronenvolt (eV); n ist die Hauptquantenzahl; die Einheit für die Wellenlänge der Skala des rechten Teils der Abb. ist Nanometer (nm).

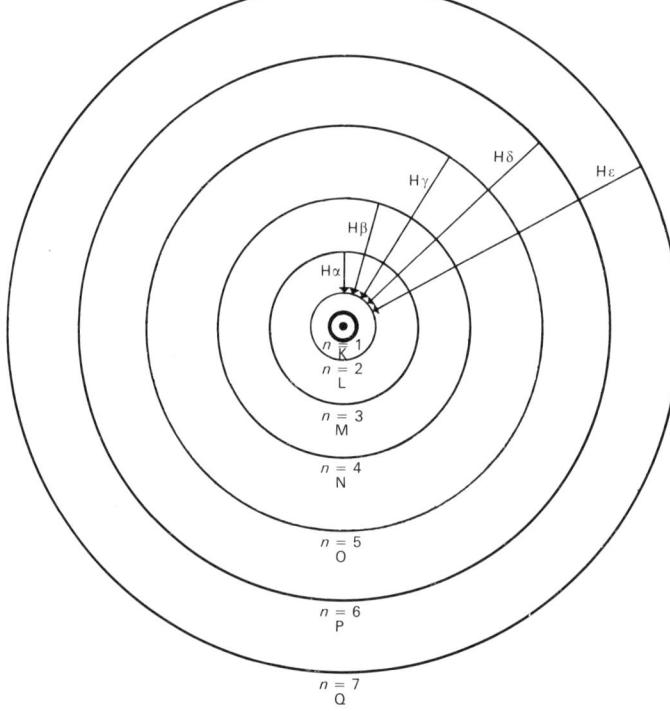

Bohr-Modell

Jeder Spektrallinie der *Balmer*-Serie ordnete *Bohr* in seinem Atommodell eine Elektronenbahn zu ($n = 2$ bis $n = 7$; bzw. L- bis Q-Schale). Später ordnete er den Atomen noch die K-Schale ($n = 1$) als innerste mögliche Elektronenbahn zu.

Die Beziehungen zwischen den Spektrallinien der *Balmer*-Serie (vgl. Abb. S. 35) und der *Bohr*schen Theorie hebt das Schema auf Abb. Seite 32 nochmals deutlich hervor.

Das Bohr-Modell

Der oben erörterte Inhalt des *Bohrschen Atommodells* sei hier – allerdings unter anderen Aspekten – zusammengefaßt und anhand eines Vergleichs veranschaulicht.

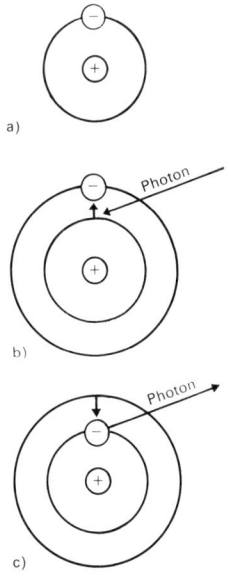

a)

b)

c)

a) Das Elektron des Wasserstoffatoms kreist normalerweise (d. h. wenn es von außen keine weitere Energiezufuhr erhält) in einer dem Atomkern nächstgelegenen Bahn mit einer bestimmten Geschwindigkeit. Man sagt auch, das Atom befinde sich im Grundzustand (vgl. S. 30).

b) Nimmt das Atom Energiequanten auf, so kann das Elektron in eine dem Atomkern entferntere Bahn „springen", die einen gegenüber dem Grundzustand höheren Energieinhalt aufweist.

c) Im allgemeinen „springt" das Elektron nach sehr kurzer Zeit (Milli- bis Nanosekundenbereich) in eine energieärmere Bahn zurück. Dabei wird ein Photon emittiert. Man nennt solche „zurückspringenden" Elektronen daher auch *Leuchtelektronen*.

Vergleich. Gelegentlich wird das *Bohr*sche Atommodell mit einer besonderen Art von Pferderennbahn verglichen, wie sie nebenstehend abgebildet ist. Die kreisförmigen Bahnen sind von hohen Hecken umgeben, auf denen das Pferd nicht galoppieren kann. Es ist wohl in der Lage, sie im Sprung zu überwinden. In der Mitte der Bahn kann sich das Pferd ebenfalls nicht aufhalten. Solange der Reiter mit dem Pferd auf den Bahnen kreist, können beide von einer außerhalb des Geschehens stehenden Person nicht wahrgenommen werden. Nur wenn das Pferd von einer Bahn auf eine andere überwechselt, können beide vom Beobachter registriert werden.

Beobachter

Bohr geht – wie wir wissen – von der Existenz von Elektronenschalen aus. Die auf ihnen kreisenden Elektronen können sich niemals zwischen zwei Elektronenschalen um den Atomkern bewegen (vgl. Bahnbedingung, die beinhaltet, daß für die Elektronen eines Atoms nur ganz bestimmte Bahnen erlaubt sind; vgl. S. 25) und daher auch nicht in einer Spiralbahn auf den Atomkern stürzen (vgl. Stabilitätsbedingung, S. 25). Sie können wohl über „*Quantensprünge*" von Bahn zu Bahn gelangen und dabei durch Absorption oder

Spektrum

Die Elektronen besitzen je nach der Schale, der sie angehören, verschiedene Energieinhalte. In der Regel strebt die Elektronenhülle den niedrigst möglichen Energiezustand an. Die dem Kern nächste Schale wird somit immer zuerst aufgefüllt. Ein Atom mit niedrigst möglichem Energieinhalt (der Elektronenhülle) befindet sich im Grundzustand.

Anregung. Wird einem Atom Energie (z. B. in Form von Licht) zugeführt, so kann ein Elektron einer inneren Schale seinen Platz verlassen und auf eine höhere Schale (höheres Energieniveau) springen. Man sagt, das Atom wird angeregt. Rechts: angeregtes Wasserstoffatom. Das Elektron besitzt eine bestimmte potentielle Energie; da es nicht zwischen den Schalen existieren kann (Bohrsches Postulat), kann das Elektron — und damit auch das Atom — nur in bestimmten Energiezuständen existieren, entsprechend der Schale, in der sich das Elektron befindet. Ein Atom kann daher nur durch Energiebeträge angeregt werden, die genau der Energiedifferenz zwischen zwei möglichen Energiezuständen entsprechen, z. B. durch Licht bestimmter Wellenlänge (d. h. Energie). Strahlung der »passenden« Wellenlänge wird dann absorbiert.

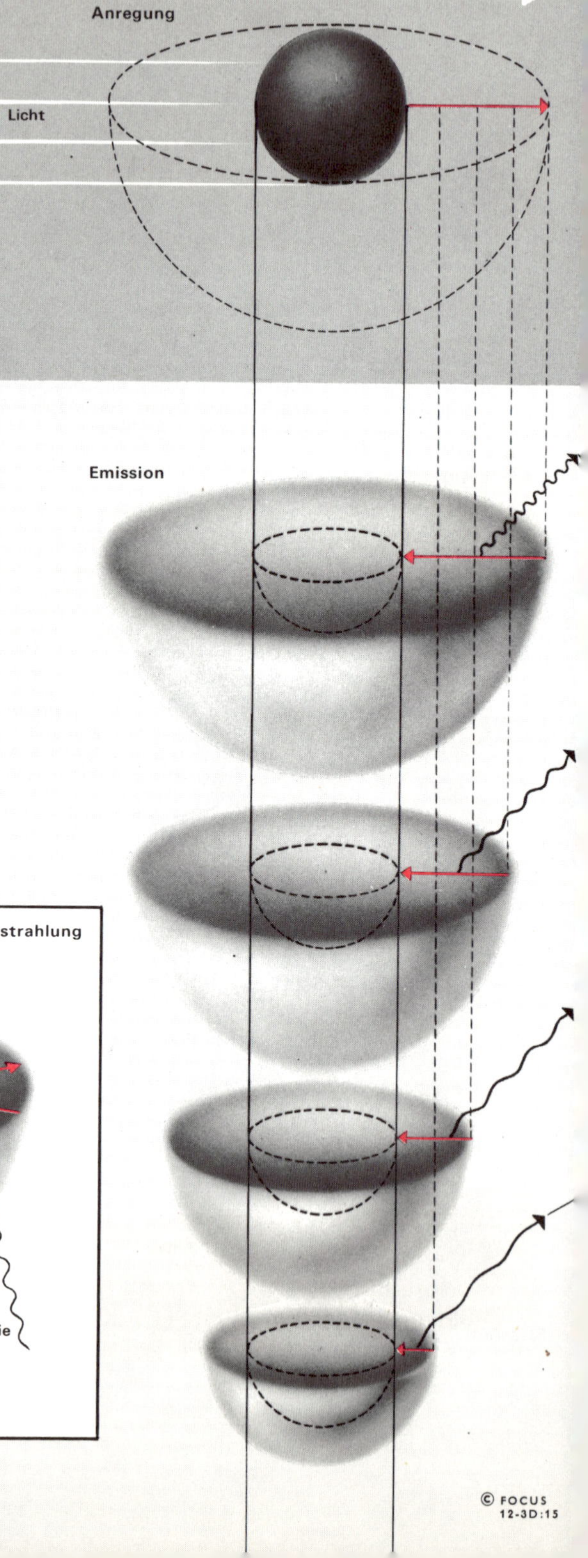

Emission. Die Wellenlängen (Frequenzen), die das Wasserstoffatom absorbiert, kann es auch aussenden bzw. *emittieren.* Emission findet statt, wenn ein Elektron von einer äußeren Schale auf einen freien Platz einer inneren Schale springt. Die Differenz der potentiellen Energie des Atoms vor und nach dem Elektronensprung wandelt sich in elektromagnetische Energie in Form emittierter Strahlung um. Rechts: vier verschiedene Elektronenübergänge im Wasserstoffatom; jeder Übergang ruft Licht einer bestimmten Wellenlänge hervor.

Röntgenstrahlung. Regt man ein relativ schweres Atom derart an, daß irgendein Platz auf einer seiner inneren Schalen (K, L, oder M) frei wird, so wird eine große potentielle Energie freigesetzt, wenn ein Elektron aus einer äußeren Schale den freien Platz in der inneren Schale einnimmt. Die emittierte Strahlung hat eine hohe Frequenz; sie heißt *Röntgenstrahlung*.

Anregung

Licht

Emission

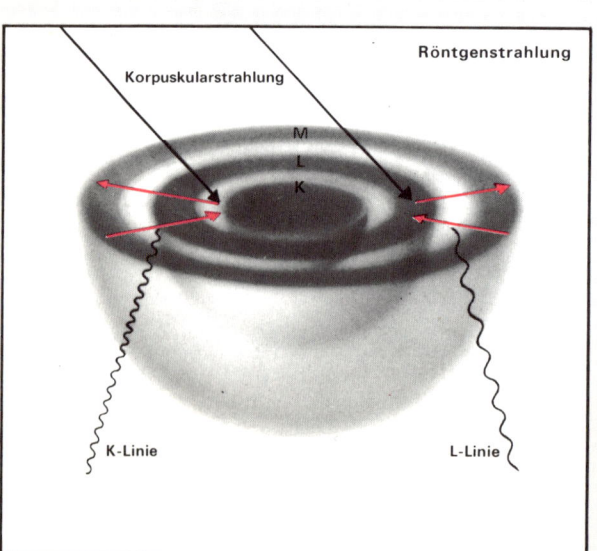

Röntgenstrahlung

Korpuskularstrahlung

M
L
K

K-Linie

L-Linie

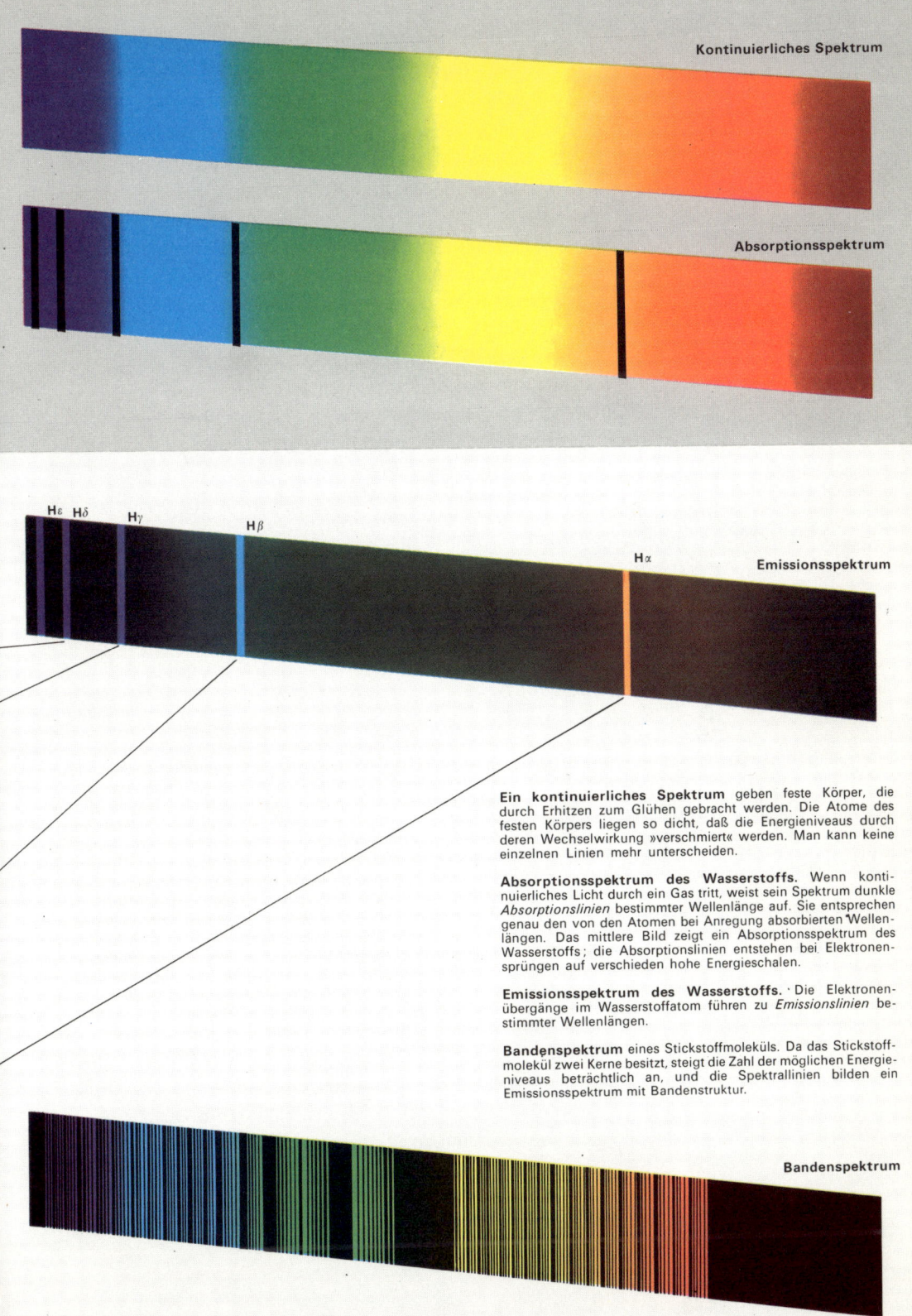

Kontinuierliches Spektrum

Absorptionsspektrum

H ε H δ   H γ   H β

H α   Emissionsspektrum

Ein kontinuierliches Spektrum geben feste Körper, die durch Erhitzen zum Glühen gebracht werden. Die Atome des festen Körpers liegen so dicht, daß die Energieniveaus durch deren Wechselwirkung »verschmiert« werden. Man kann keine einzelnen Linien mehr unterscheiden.

Absorptionsspektrum des Wasserstoffs. Wenn kontinuierliches Licht durch ein Gas tritt, weist sein Spektrum dunkle *Absorptionslinien* bestimmter Wellenlänge auf. Sie entsprechen genau den von den Atomen bei Anregung absorbierten Wellenlängen. Das mittlere Bild zeigt ein Absorptionsspektrum des Wasserstoffs; die Absorptionslinien entstehen bei Elektronensprüngen auf verschieden hohe Energieschalen.

Emissionsspektrum des Wasserstoffs. Die Elektronenübergänge im Wasserstoffatom führen zu *Emissionslinien* bestimmter Wellenlängen.

Bandenspektrum eines Stickstoffmoleküls. Da das Stickstoffmolekül zwei Kerne besitzt, steigt die Zahl der möglichen Energieniveaus beträchtlich an, und die Spektrallinien bilden ein Emissionsspektrum mit Bandenstruktur.

Bandenspektrum

Emission von Photonen erkannt werden (z. B. bei der Spektroskopie).

Wie wir oben erfahren haben (vgl. Abb. S. 32), veranschaulichte *Bohr* in seinem Modell die Elektronenbahnen durch *sieben konzentrische Elektronenschalen*, in deren Mittelpunkt sich der Atomkern befindet. Sie umgeben den Atomkern allerdings nicht – wie es die Abbildung aus Gründen der Übersichtlichkeit vorgibt – mit jeweils gleichem Abstand. Der Abstand zwischen zwei Schalen verringert sich vielmehr von Schale zu Schale. *Bohr* konnte zeigen, daß sich das für das Wasserstoffatom konzipierte Atommodell auch auf die Atome anderer Elemente übertragen läßt.

Es folgt eine Tabelle der *Bohr*schen Atommodelle der Elemente mit den Ordnungszahlen 1–18. Der Übersichtlichkeit wegen wurden die Radien der einzelnen Elektronenschalen bei allen Darstellungen gleich groß gewählt.

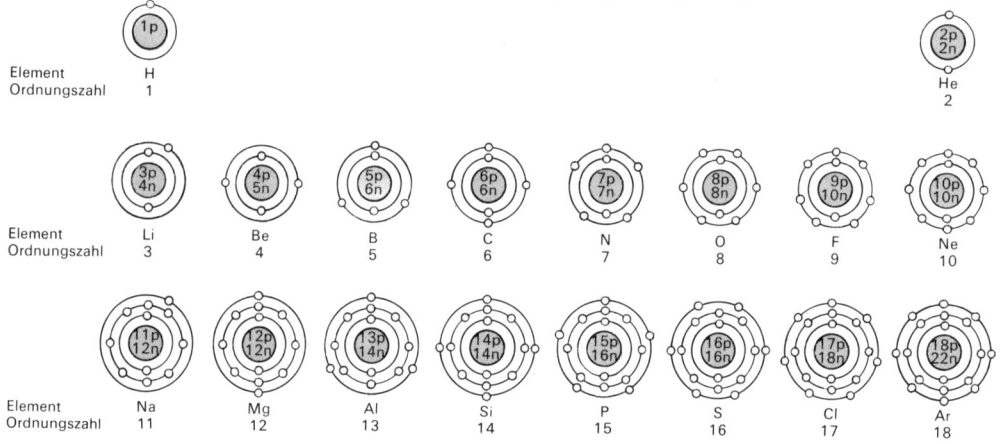

Die Verfeinerung des Bohr-Modells durch Sommerfeld

Die Entwicklung des *Bohr*schen Atommodells brachte für die Atomphysik einen gewaltigen Fortschritt, insbesondere, da nun die beobachtete Struktur des Wasserstoffspektrums erklärbar wurde. Eine vollständige Übereinstimmung zwischen der hier wiedergegebenen Theorie und den Beobachtungsergebnissen erhielt man allerdings nicht. *Bohr* und andere Physiker versuchten, die Theorie zu verbessern und sie in Einklang mit den experimentellen Ergebnissen zu bringen. Die Verfeinerung des *Bohr*-Modells bezieht sich im wesentlichen auf folgende drei Faktoren:

1. In stärkerer Annäherung an die Wirklichkeit kreisen nicht nur die Elektronen um den Atomkern, sondern Elektronen und Kern bewegen sich um ihren gemeinsamen Schwerpunkt. Dasselbe gilt auch für die Sonne und einen um sie kreisenden Planeten. Man kann zeigen, daß die hier angegebenen Gleichungen ihre Gültigkeit beibehalten, wenn man in ihnen die Elektronenmasse m durch die reduzierte Masse μ ersetzt:

$$\mu = \frac{mM}{m + M} \, .$$

M ist die Masse des Kerns; μ liegt sehr nahe bei m, da M im Vergleich zu m sehr groß ist.

2. Im allgemeinen Fall laufen die Elektronen nicht nur auf kreisförmigen, sondern auch auf *elliptischen Bahnen*. Zur Beschreibung der ersteren muß man eine, bei der letzteren zwei Quantenzahlen kennen. *Bohr* und *Sommerfeld* fanden folgende Ausdrücke für die große Halbachse a und die kleine Halbachse b der Ellipse:

$$a = \frac{a_H}{Z} \, n^2 \qquad\qquad b = \frac{a_H}{Z} \, nl \qquad (7)$$

a_H ist der Radius der innersten *Bohr*schen Bahn des Wasserstoffatoms ($n = 1$); n ist die *Hauptquantenzahl* und l eine neue Quantenzahl, die sog. *Nebenquantenzahl* oder *Bahndrehimpulsquantenzahl*. l kann die Werte $1, 2 \ldots n$ annehmen, wobei n aber stets größer oder gleich l ist. Für $n = l$ ist $b = a$. Das entspricht der Kreisbahn der vereinfachten Theorie.

Es zeigte sich, daß die Energie eines auf einer Ellipsenbahn umlaufenden Elektrons nur von n, nicht aber von l abhängen konnte, also den gleichen Betrag wie bei der Kreisbahn hat. Die Einführung der elliptischen Bahnen konnte die Diskrepanz zwischen Theorie und Experiment nicht verringern.

3. *Sommerfeld* behandelte das Problem relativistisch und kam zu dem Ergebnis, daß das Elektron auf einer *Rosettenbahn* umläuft. Dabei handelt es sich nicht mehr um eine geschlossene Ellipsenbahn, sondern die große Achse der Ellipse dreht sich mit einer Geschwindigkeit um den gemeinsamen Schwerpunkt des Kern-Elektron-Systems, die klein ist im Vergleich zur Bahngeschwindigkeit des Elektrons. Das beruht einmal darauf, daß das Elektron sich nach dem zweiten *Kepler*schen Gesetz um so schneller bewegt, je näher es dem Kern ist. Zum anderen nimmt nach der Relativitätstheorie die Masse des Elektrons mit wachsender Geschwindigkeit zu.

Bohr-Sommerfeldsches Atommodell

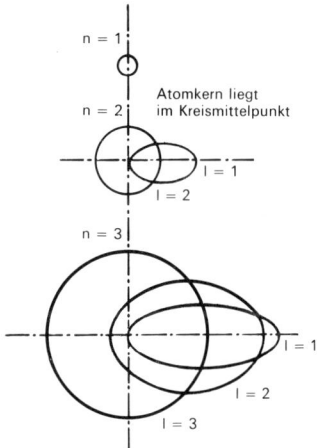

Atomkern liegt im Kreismittelpunkt

Niels Bohr nahm an, daß der Bahndrehimpuls des Elektrons proportional zu einer ganzen Zahl n ist, *der Hauptquantenzahl*, die die Bahn, auf der das Elektron läuft, definiert. Die Bahnen wurden als kreisförmig aufgefaßt. Je nach der Energie, die mit wachsendem n zunimmt, haben die Bahnen unterschiedliche Durchmesser. *Sommerfeld* verallgemeinerte diese Theorie, indem er auch elliptische Bahnen betrachtete. Für jedes n sollten n Bahnen existieren. Es wurde noch eine zweite ganzzahlige Quantenzahl l eingeführt, die alle Werte von 1 bis n annehmen kann. Für $l = n$ ist die Bahn kreisförmig. Die verschiedenen Bahnen für ein bestimmtes n haben alle die gleiche Energie. Wenn man, wie es die Relativitätstheorie fordert, beachtet, daß die Masse des Elektrons von dessen Geschwindigkeit abhängt, so besitzen die Bahnen mit gleichem n, aber verschiedenem l, kleine Energieunterschiede. Die Bahnen sind in diesem Fall nicht mehr geschlossen, sondern rosettenförmig.

Der Münchener Physiker *Arnold Sommerfeld (1868 bis 1951)* wandte sich 1916 dem Studium der Ellipsenbahnen des Elektrons des Wasserstoffatoms zu. Er konnte nachweisen, daß die relativistische Massenveränderung bewegter Teilchen zu einer Aufspaltung der Linien des Wasserstoffemissionsspektrums führen muß.

Dadurch wird das Elektron schwerer. Wenn es sich vom Kern entfernt, wird seine Bewegung „verzögert".

Bei Berücksichtigung dieser kleinen relativistischen Korrektur zeigt sich, daß die Energie des Elektrons auch etwas von l abhängt.

Die zuletzt angegebene Version des *Bohr-Sommerfeld*schen Atommodells liefert eine relativ genaue Beschreibung der Spektren des Wasserstoffs und der wasserstoffähnlichen Ionen, deren Kerne also nur von einem Elektron umgeben sind. Es ist dagegen in schlechter Übereinstimmung mit den Beobachtungen von Systemen mit zwei oder mehreren Elektronen, welche nicht nur mit dem Kern, sondern auch untereinander in Wechselwirkung treten. Zur Beschreibung der Spektren solcher Atome hat man ein verfeinertes Atommodell ausgearbeitet, in dem die Elektronen nicht mehr als Teilchen, sondern als Wellen behandelt werden. In diesem Modell, das wir im folgenden behandeln werden, hat der Begriff der Elektronenbahn keinen Sinn mehr.

5. Die feiner differenzierte Atomhülle

Der französische Physiker *Louis Victor Prince de Broglie (geb. 1892)* forderte, daß analog den Feststellungen bei elektromagnetischen Erscheinungen auch die Materie dualistisch zu interpretieren sei.
Diese Überlegung trifft auch für die Bewegung des Elektrons des Wasserstoffatoms zu. *De Broglie* erhielt für seine Forschungen 1929 den Nobelpreis zuerkannt.

Planck und *Einstein* hatten darauf hingewiesen, daß sich das Licht, trotz seiner unbestreitbaren Wellennatur, in bestimmten Fällen wie ein Teilchenstrom verhält. 1924 hatte *Louis de Broglie* die geniale Idee, die Dualität Welle/Korpuskel (des Lichts) gleichermaßen auf die Materie, so z. B. auf Elektronen, anzuwenden. Diese Hypothese der *Materiewellen* erwies sich als äußerst fruchtbar für die moderne Physik und ist das Fundament für die *Wellenmechanik*. Etwa zur gleichen Zeit, als *de Broglie* seine Hypothese aufstellte, wurden einige Arbeiten anderer Theoretiker veröffentlicht, unter ihnen die von *Heisenberg*. Er ersetzte die ältere Quantentheorie durch eine abstrakte und streng mathematische Beschreibung des Atoms. So entstand die *Quantenmechanik*. Sie geht nicht von den *Bohr*schen Postulaten aus, sondern berücksichtigt den Quantenaspekt durch Einführung des *Heisenbergschen Unbestimmtheitsprinzips*.

Schrödinger erkannte, daß Wellen- und Quantenmechanik in Wirklichkeit zwei verschiedene mathematische Formulierungen ein und derselben physikalischen Idee sind und daß unsere Vorstellung über die Struktur des Atoms mit gleichem

Recht als wellenmechanisch oder quantenmechanisch bezeichnet werden kann. Die moderne Entwicklung der theoretischen Physik, insbesondere die Einführung relativistischer Effekte in die Betrachtungsweise, hat zu einer Verallgemeinerung der Quantenmechanik geführt, so daß heute begriffsmäßig zwischen Wellenmechanik und Quantenmechanik unterschieden werden muß.

Während die Theoretiker mit der Ausarbeitung des mathematischen Formalismus für die neue Mechanik beschäftigt waren, versuchten die Experimentalphysiker, die Hypothese von *de Broglie* anhand verschiedener Experimente zu bestätigen oder zu entkräften. 1927 gelang es *Davisson* und *Germer* in Amerika zum erstenmal, die Wellennatur des Elektrons durch Beugung von Elektronen an einem Kristall experimentell nachzuweisen. Kurz danach entdeckten *G. P. Thomson* und *Reid* in England, daß ein durch eine Metallfolie tretender Elektronenstrahl Beugungserscheinungen zeigt, ähnlich den Interferenzerscheinungen des Lichts.

Erwin Schrödinger (1887 bis 1961)
Österreichischer Physiker. Er teilte sich im Jahre 1933 zusammen mit P. A. M. Dirac den Nobelpreis für Forschungen im Bereich der Wellenmechanik.

Exkurs zur Wellenlehre. Eine Welle ist dadurch charakterisiert, daß sich die Lage von materiellen Teilchen (mechanische Welle) bzw. der Betrag der elektrischen und magnetischen Feldstärke (elektromagnetische Welle) periodisch mit dem Ort und der Zeit ändert.

Die zeitliche Änderung eines Schwingungsvorganges wird durch die Schwingungsdauer oder Frequenz charakterisiert, die räumliche Abhängigkeit durch die Wellenlänge und Ausbreitungsgeschwindigkeit.

Die reziproke Schwingungsdauer heißt Frequenz. Sie wird gemessen in Perioden pro Sekunde und hat – in Erinnerung an den deutschen Physiker *Heinrich Rudolph Hertz* – die Einheit Hertz (Hz).

Eine örtlich fortschreitende Schwingung kann eine fortschreitende Störung (Welle) in einem Medium (Wasser, Luft, usw.) hervorrufen. Die Entfernung zwischen zwei benachbarten Punkten des Raumes, die sich im selben Schwingungszustand befinden, nennt man Wellenlänge.

Als Maß für die Stärke (Intensität) der Schwingung hat man die Amplitude. Sie entspricht dem maximalen Auslenkungswinkel eines Pendels, dem größten Wert der Stromstärke in einem elektrischen Schwingkreis oder dem maximalen Wert der Feldstärke einer elektromagnetischen Welle. Die Beziehung zwischen Frequenz (ν), Wellenlänge (λ) und Ausbrei-

Der deutsche Physiker Heinrich Rudolph Hertz (1857–1894) entdeckte 1888 die elektromagnetischen Wellen.

Nach *de Broglie* entspricht einem Teilchen, das eine periodische Bewegung ausführt – das also beispielsweise auf einer Kreisbahn läuft –, eine Materiewelle, die nach einer bestimmten Anzahl von Wellenlängen wieder zu ihrem Ausgangspunkt zurückkommt (vgl. untenstehende Abb.).

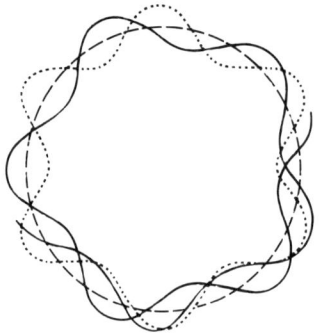

tungsgeschwindigkeit (c) wird durch folgende Gleichung wiedergegeben:

$$v \cdot \lambda = c$$

Interferenz. An einer Wasseroberfläche kann man oft zwei von verschiedenen Punkten ausgehende Wellen beobachten, die aufeinandertreffen und sich überschneiden. An den Stellen der Oberfläche, an denen beide Wellen auftreten, überlagern sie sich. Man sagt, sie interferieren. Auch Lichtwellen können interferieren und so Hell/Dunkel-Effekte bewirken. Bei Materiewellen kommt es also ebenfalls zu Interferenzerscheinungen. Im allgemeinen Fall treffen die Wellen, nachdem sie z. B. eine Bahn mehrere Male durchlaufen haben (vgl. nebenstehende Abb.), nicht in geeigneter Phase zusammen. Sie löschen sich durch Interferenz gegenseitig aus (schwarz ausgezogene Kurve). Die einzige Möglichkeit dafür, daß keine Auslöschung stattfindet, ist dadurch gegeben, daß sich längs der Bahn eine (stationäre) stehende Welle ausbildet (dies ist bei mechanischen Wellen der Fall, wenn z. B. die Saite einer Geige oder Gitarre schwingt). Eine solche kann sich nur bei den Frequenzen der Welle (bzw. den bestimmten Energiebeträgen des Teilchens) ausbilden, für die die Länge der Bahn ein ganzzahliges Vielfaches der Wellenlänge ist. Eine solche stehende Welle ist durch die gepunktete Kurve dargestellt. Nach jedem Umlauf kommt die Welle zum gleichen Ort zurück, und die einer Anzahl von Umläufen entsprechenden Wellen verstärken sich gegenseitig. Die Wellenlänge der Materiewelle hängt nach *de Broglie* vom Impuls des Teilchens ab und ist durch die Beziehung

$$\lambda = \frac{h}{mv} \tag{8}$$

gegeben. h ist das *Planck*sche Wirkungsquantum ($h = 0{,}6625 \cdot 10^{-33}$ W sec²), m die Masse des Teilchens und v dessen Geschwindigkeit. Nach obiger Überlegung ist die Wellenlänge der Materiewelle eines auf einer Kreisbahn umlaufenden Teilchens durch die Bedingung festgelegt, daß $n\lambda = 2\pi r$, $n = 1, 2, 3 \ldots$, wobei r der Bahnradius ist. Setzt man die aus Gleichung (8) gegebene Wellenlänge in diese Beziehung ein, so erhält man:

$$\frac{nh}{mv} = 2\pi r$$

was mit der ursprünglichen *Bohr*schen Quantenbedingung exakt übereinstimmt [Gleichung (3)]. Bei Anwendung der oben angestellten Überlegung auf ein Elektron, das um einen Atomkern kreist, geht die Hauptquantenzahl n in die Betrachtung ein, und die Quantenbedingung beinhaltet eine Interferenzbedingung.

Die Wellenfunktion ψ

Um quantitative Aussagen machen zu können, muß die Bewegung des Elektrons, also das Verhalten der *de Broglie*-Welle, mathematisch untersucht werden. Zu diesem Zweck hat *Schrödinger* die sog. Wellenfunktion ψ eingeführt. Ist die Wellenfunktion periodisch von der Zeit abhängig und ist sie zudem noch eine Funktion des Ortes – was durch Angabe der Koordinaten x, y, z berücksichtigt wird –, kann sie formal als Produkt zweier anderer Funktionen geschrieben werden:

$$\psi = \psi(x, y, z) f(t) \qquad (9)$$

f(t), der zeitabhängige Teil, ist eine periodische (trigonometrische) Funktion, die – wie der Mathematiker sagt – komplex sein muß. Die Funktion $\psi(x, y, z)$ gibt an, wie sich die Amplitude der Welle von einem Punkt des Raumes zum andern ändert. Diese Funktion genügt der Wellengleichung

$$\frac{\partial^2 \psi}{\partial x^2} + \frac{\partial^2 \psi}{\partial y^2} + \frac{\partial^2 \psi}{\partial z^2} + \frac{8\pi^2 m}{h^2} \cdot (E - V)\, \psi = 0 \qquad (10)$$

m ist die Masse des Elektrons, E seine Gesamtenergie und V seine potentielle Energie im elektrischen Feld des Kerns. Gleichung (10) ist die berühmte *Schrödingergleichung*, die bei der Behandlung atomarer Systeme an die Stelle der Grundgleichungen der klassischen Mechanik tritt. Die Wellenfunktion ψ muß folgenden Bedingungen genügen: sie muß in jedem Punkt des Raumes endlich, eindeutig und stetig sein. Ferner wird gefordert, daß sie gegen Null geht, wenn x, y oder z gegen Unendlich strebt.

Unbestimmtheit und Komplementarität

Die einem bestimmten Teilchen zukommende *de Broglie*-Welle kann aus einer Wellengruppe oder einem *Wellenpaket* endlicher Ausdehnung bestehen. Für die Ausdehnung des Wellenpakets gilt ein Satz der klassischen Physik. Geht man

Bedeutung der Wellenfunktion. Jedem Teilchen entspricht eine *de Broglie*-Welle. Damit ist nicht gesagt, daß ein einfacher und anschaulicher Zusammenhang zwischen dem Teilchen und der ihm entsprechenden Materiewelle besteht. Wenn man sich vorstellt, daß die *de Broglie*-Welle sich nicht bis ins Unendliche erstreckt, sondern aus einer Wellengruppe, einem *Wellenpaket,* besteht, so wäre der Inhalt der Wellenfunktion eigentlich der, daß das Teilchen mit dem ihm entsprechenden Wellenpaket identifizierbar ist. Die Behandlung des Problems unter anderen Aspekten zeigt aber, daß das Wellenpaket weder seine Größe noch seine Form behält, wenn das ihm entsprechende Teilchen gestreut wird. *Born* interpretiert die Wellenfunktion folgendermaßen: ψ selbst hat keinen physikalischen Sinn. Dagegen gibt das Produkt aus der komplexen Wellenfunktion ψ und der dazu konjugiert komplexen Funktion ψ^*, berechnet für einen bestimmten Punkt des Raumes, die Aufenthaltswahrscheinlichkeit des Teilchens an dem betreffenden Ort des Raumes oder in einem Volumenelement an dem Punkt an. Wird auf die Funktion ψ eine geeignete mathematische Operation angewendet, so gibt $\psi\psi^*$ die Wahrscheinlichkeit dafür an, das Teilchen im Einheitsvolumen an einem Punkt mit gegebenen Koordinaten x, y, z anzutreffen.
Auf den Begriff der Aufenthaltswahrscheinlichkeit kommen wir auf Seite 43 zurück.

41

von der Annahme aus, daß eine Wellengruppe aus Wellen verschiedener Wellenlänge zusammengesetzt ist, so ist die Länge der Wellengruppe durch die Interferenzen der einzelnen Wellen bestimmt. Je mehr verschiedene Wellenlängen vorhanden sind, d. h., je größer das Intervall ist, in dem die Wellenlänge variiert, um so kleiner ist der geometrische Bereich, in dem sich die Partialwellen verstärken und sich durch konstruktive Interferenz eine resultierende Welle ausbildet. Enthält die Wellenbewegung dagegen nur eine einzige, bestimmte Wellenlänge, ist die Wellengruppe unendlich lang. Ein annähernd punktförmiges Wellenpaket liegt also nur dann vor, wenn es aus unendlich vielen Wellen verschiedener Wellenlängen zusammengesetzt ist.

Wendet man diese Überlegungen auf Materiewellen an, ergeben sich einige interessante Konsequenzen. Die Wellenlänge ist nach Gleichung (8) durch den Impuls des betreffenden Teilchens gegeben. Je unbestimmter die Wellenlänge ist, um so unsicherer ist der Impuls des Teilchens. Gleichzeitig gibt die Ausdehnung der Wellengruppe die Größe des Raumvolumens an, in dem das Teilchen mit einer gewissen Wahrscheinlichkeit anzutreffen ist.

Beobachtet man ein Teilchen an einem bestimmten Punkt, wird die Wahrscheinlichkeit an dieser Stelle zur Gewißheit (die Aufenthaltswahrscheinlichkeit ist 1). An allen anderen Stellen des Raums ist diese dagegen Null, da das Korpuskel sich nicht an zwei verschiedenen Orten des Raumes gleichzeitig aufhalten kann. Das zugehörige Wellenpaket hat folglich eine unendlich kleine Ausdehnung und besteht nach unseren früheren Überlegungen aus verschiedenen Wellen unterschiedlicher Wellenlänge. Das aber bedeutet, daß der Impuls des Teilchens völlig unbestimmt ist. Ist umgekehrt der Impuls des Teilchens exakt bestimmt, so ist auch die Wellenlänge der zugehörigen Materiewelle mit der gleichen Genauigkeit bekannt. Das Wellenpaket ist in diesem Fall unendlich ausgedehnt, die Position des Teilchens völlig unbestimmt. Dieses Prinzip der Quantenmechanik ist als *Heisenbergsches Unbestimmtheitsprinzip (Unschärferelation)* bekannt.

Um den physikalischen Inhalt des Unbestimmtheitsprinzips zu veranschaulichen, stellte *Bohr* 1928 das *Komplementaritätsprinzip* auf. Es besagt, daß atomare Vorgänge nicht mit der gleichen Vollständigkeit beschrieben werden können, wie man dies von der klassischen Dynamik her gewohnt ist. Tatsächlich löscht sich ein Teil der Größen, die für eine rein klas-

Unschärferelation
Sie wurde vom deutschen Physiker *Werner Heisenberg* im Jahre 1927 aufgestellt und kann folgendermaßen formuliert werden: Wenn man versucht, die Werte von zwei kanonisch konjugierten Variablen – physikalische Größen, deren Produkt die Dimension einer Wirkung (Energie mal Zeit) hat – gleichzeitig zu bestimmen, so ist die Messung mit einer solchen Unsicherheit behaftet, daß das Produkt der Fehler der Meßwerte von der Größenordnung der *Planck*schen Konstante h, dividiert durch 2π, ist. Mathematisch formuliert

$$\Delta x \cdot \Delta p_x \geq \frac{h}{2\pi}$$
oder
$$\Delta E \cdot \Delta t \geq \frac{h}{2\pi}$$

In der ersten Relation ist Δx die Unsicherheit der Positionsbestimmung des Teilchens in einer bestimmten Koordinatenrichtung und Δp_x die Ungenauigkeit der Messung der Impulskomponente der Korpuskel in derselben Richtung. Lassen wir eine dieser beiden Größen gegen 0 gehen, so ergeben sich die im vorhergehenden Abschnitt gezogenen Folgerungen. Die zweite Relation besagt, daß einer mit einer Ungenauigkeit ΔE durchgeführten Energiebestimmung ein Zeitintervall entspricht, dessen Länge mindestens $\Delta t = h/2\pi\Delta E$ beträgt; Δt ist die kleinste für die Energiebestimmung benötigte Zeit.

sische Beschreibung benötigt werden, gegenseitig aus, obwohl sie für die Beschreibung der verschiedenen Aspekte des Phänomens unentbehrlich sind. Für den Experimentator folgt aus dem Komplementaritätsprinzip, daß die mit seiner Meßapparatur erzielten Ergebnisse immer Fehler aufweisen, die durch die Unbestimmtheitsrelation gefordert werden. Diese Tatsache kann man nicht der Unzulänglichkeit des Beobachters oder seiner Apparatur zuschreiben. Sie ist vielmehr ein Naturgesetz, nach dem ein Versuch, eine der beiden kanonisch konjugierten Größen exakt zu bestimmen, notwendigerweise dazu führt, daß die andere Größe um einen Betrag verändert wird, den man nicht mit der gewünschten Genauigkeit berechnen kann, ohne daß die Präzision der ersten Messung verlorengeht. Diese Tatsache führt zu einem fundamentalen Unterschied zur klassischen Betrachtungsweise, die auch davon ausgeht, daß ein beobachtetes System durch einen Meßvorgang gestört wird, in der aber die Größe der Störung berechnet und der Fehler somit korrigiert werden kann.

Da es nicht nur praktisch, sondern auch prinzipiell unmöglich ist, verschiedene physikalische Größen gleichzeitig genau zu messen, muß die deterministische Auffassung der klassischen Physik aufgegeben werden. Nach der *Newton*schen Mechanik wäre es möglich, die Bahn eines Dinges, dessen Lage in einem bestimmten Zeitpunkt bekannt ist, leicht zu beschreiben. Da aber nun ein statistisches Element in die Berechnungen hineinkommt, ist eine solche Vorausberechnung prinzipiell unmöglich. Diese Tatsache hat in der Quantenmechanik zur Aufgabe des Kausalitätsprinzips geführt. Ursache und Wirkung haben nicht mehr die klare Bedeutung wie in der klassischen Physik. Über atomare Vorgänge können keine genauen Angaben, sondern nur Wahrscheinlichkeitsaussagen gemacht werden.

Die Aufenthaltswahrscheinlichkeit

Wenn es auch – gemäß den oben nachvollzogenen Überlegungen – nicht möglich ist, den genauen Ort zu bestimmen, den ein Elektron mit einer bestimmten Geschwindigkeit passiert, so kann man doch wenigstens Aussagen über den Bereich machen, an dem es mit großer (d.h. 90%iger) Wahrscheinlichkeit anzutreffen ist. Man nennt ihn *Aufenthaltswahrscheinlichkeitsbereich*. Wir wollen nun die *Wahrscheinlichkeitsverteilung* oder Aufenthaltswahrscheinlichkeit eines

Der deutsche Physiker *Werner Heisenberg (geb. 1901)*, der 1932 mit dem Nobelpreis geehrt wurde, verfolgte das Korrespondenzprinzip von *Bohr* weiter und baute eine neue Mechanik auf, die mit der klassischen Mechanik im Bereich des Makroskopischen übereinstimmt und die im Bereich des Atomaren zu der Aussage führt, daß diskrete Energiezustände vorliegen.

Die Meßergebnisse der klassischen Physik werden im makroskopischen System vom Unbestimmtheitsprinzip nicht berührt. Da die *Planck*sche Konstante h einen so kleinen Wert hat, sind die bei den Beobachtungen auftretenden technischen Meßfehler um viele Größenordnungen höher als die in der *Heisenberg*schen Relation ausgedrückte Ungenauigkeit. Hinzu kommt noch, daß, selbst wenn das Verhalten eines einzelnen Atoms nur relativ ungenau bekannt ist, die Vorgänge in einem System mit mehreren Atomen anhand statistischer Methoden mit einer Genauigkeit berechnet werden können, die mit der Anzahl der Atome in dem System zunimmt. Das ist in Übereinstimmung mit dem *Bohr*schen Korrespondenzprinzip, welches besagt, daß die klassische Mechanik als Grenzfall der Quantenmechanik angesehen werden kann.

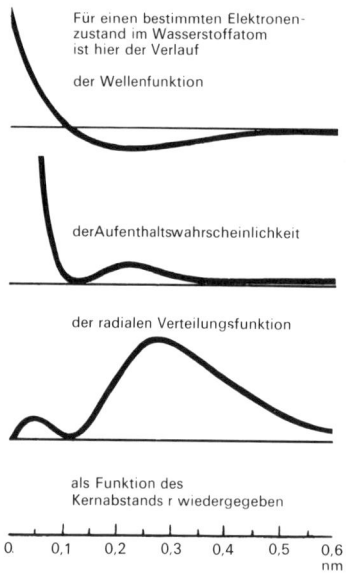

Für einen bestimmten Elektronenzustand im Wasserstoffatom
ist hier der Verlauf

der Wellenfunktion

der Aufenthaltswahrscheinlichkeit

der radialen Verteilungsfunktion

als Funktion des
Kernabstands r wiedergegeben

| | | | | | | |
0   0,1   0,2   0,3   0,4   0,5   0,6
                                    nm

**Aufenthaltswahrschein-
lichkeit**
Elektronen verhalten sich
oft wie Wellen. Die *Schrödinger*gleichung beschreibt
die Vorgänge in einem
atomaren System. Die Lö-
sung der *Schrödinger*-
gleichung, *die Wellenfunktion* ψ, ändert sich mit dem
Kernabstand und in einigen
Fällen mit der Richtung. Der
Wert, den die Wellenfunk-
tion an einem bestimmten
Punkt in der Umgebung des
Kerns annimmt, hat keine
physikalische Bedeutung.
Dagegen kann deren Qua-
drat $(\psi\psi^*)$ interpretiert
werden als Wahrschein-
lichkeit dafür, daß man das
Elektron in einem be-
stimmten, den Punkt ent-
haltenden Volumen, an-
trifft, die *Aufenthaltswahrscheinlichkeit (Elektronendichte)*. Die *radiale Verteilungsfunktion* gibt die
Wahrscheinlichkeit dafür
an, daß das Elektron sich in
einem Abstand r vom Kern
aufhält. (Sie ist gleich dem
Produkt aus Aufenthalts-
wahrscheinlichkeit und der
betreffenden Kugeloberfläche mit dem Radius r). Die
r-Werte, für die diese Funktion ihre Maxima annimmt,
entsprechen den Bahnra-
dien im *Bohr*schen Atom-
modell. Zur Vereinfachung
vernachlässigen wir den
Winkelanteil der Wellen-
funktion.

Elektrons um den Atomkern untersuchen. Dabei beschränken wir uns auf das Wasserstoffatom, weil es nur ein einziges
Elektron in seiner Hülle besitzt. Die Eigenfunktion ψ ändert
sich – wie schon (S. 41) erwähnt – mit dem Kernabstand (r)
und der Richtung (φ, ϑ). Wie sie sich ändert, hängt von den
Werten der Quantenzahlen n,l und m ab (vgl. S. 46 f). Diese
funktionale Abhängigkeit kann graphisch so dargestellt werden, daß in einem Diagramm ψ als Funktion des Kernabstands r oder der Orientierung aufgetragen wird. Die unterschiedlichen Formen der so erhaltenen Kurven für verschiedene Werte der Quantenzahlen werden dann miteinander verglichen. Dabei zeigt sich, daß der nur vom Abstand
r abhängige Radialanteil der Eigenfunktion für $r \rightarrow \infty$ (r gegen
unendlich) immer exponentiell gegen Null geht. Das ent-
spricht den obengenannten Voraussetzungen für die Wellenfunktion. Außerdem wechselt sie ihr Vorzeichen, d. h., sie
wird für bestimmte Werte von r Null. Die oberste Kurve hat
eine Nullstelle. Die maximale Anzahl von Nullstellen ist n-1,
für l = 0. Für größere Werte von l verringert sich die Zahl
der Nullstellen, und für den maximalen Wert von l (l = n-1)
gibt es überhaupt keine Nullstelle.
Interessanter als die Betrachtung der Wellenfunktion ψ ist die
Untersuchung des Ausdrucks $\psi\psi^* = \psi^*\psi$, der die *Aufenthaltswahrscheinlichkeit des Elektrons (Elektronendichte) pro
Volumeneinheit* angibt. Für den Radialanteil haben die den
Wasserstoffeigenfunktionen entsprechenden Kurven für die
kleinsten n- und l-Werte etwa die Form der zweiten Kurve
des nebenstehenden Diagramms und der in Abb. S. 55 wiedergegebenen Kurve. Bei den obengenannten Nullstellen der
Eigenfunktionen befinden sich die Minima (kleinsten Werte)
der die Wahrscheinlichkeitsdichte angebenden Kurven, deren
Funktionswerte hier Null sind. Das bedeutet, daß die Aufenthaltswahrscheinlichkeit des Elektrons an diesen Stellen (r-
Werten) Null ist. Dies läßt sich auch so deuten, daß um den
Atomkern Kugelschalen mit bestimmten Radien existieren,
in denen sich die Elektronen im Prinzip nicht aufhalten können. Man nennt sie *Knotenflächen*. Für l = 0 gibt es n − 1
Knotenflächen. Weiter konnte gezeigt werden, daß die Aufenthaltswahrscheinlichkeit in diesem Fall nicht von der Orientierung abhängt. Der Winkelanteil $G_{l,m} (\varphi, \vartheta)$ hat hier den
Wert 1. Wir stellen uns heute das Atom als eine um einen
Kern angeordnete kugelförmige „*Wahrscheinlichkeitswolke*"
vor. In dieser Wolke ändert sich die Aufenthaltswahrschein-

44

lichkeit des Elektrons in der durch die Kurve $\psi\psi^*$ als Funktion von r angegebenen Weise. Die Wolke ist durch konzentrische Kugelschalen unterteilt, in denen sich das Elektron nie aufhält.

Für größere Werte von l verringert sich die Anzahl der sphärischen Knotenflächen, und der Ausdruck $\psi\psi^*$ wird richtungsabhängig. Die Wahrscheinlichkeitswolke ist nun zusätzlich durch ebene und kegelförmige Knotenflächen unterteilt. Die Gesamtzahl der Knotenflächen beträgt immer noch $n - 1$. Die Wolke ist nun nicht mehr kugelsymmetrisch, sondern besteht aus verschiedenen Teilen, die zwar alle die gleiche Form aufweisen, aber je nach dem Wert der magnetischen Quantenzahl m verschiedene Richtungen im Raum haben (vgl. Abb. S. 54). *An keiner Stelle ist die Wolke scharf begrenzt.* Ihre Dichte nimmt vielmehr in der Umgebung der Knotenflächen und zum Unendlichen hin kontinuierlich ab. Der Rand der in diesem Buch wiedergebenen Bilder der Elektronenwolken ist so gezeichnet, daß etwa 90 Prozent der gesamten Aufenthaltswahrscheinlichkeit in dem markierten Volumen enthalten ist. In den Bildunterschriften wird die Elektronenwolke nicht ganz korrekt als Orbital (Aufenthaltswahrscheinlichkeitsbereich der Elektronenwolke) bezeichnet, das anschaulich nicht dargestellt werden kann.

Der Ausdruck „Elektronenwolke" bedeutet nicht, daß das Elektron sich gleichzeitig an allen Stellen des Raumes um den Atomkern aufhält. In der Wellenmechanik betrachtet man das Elektron als punktförmige Ladung. Da die Bahn eines Elektrons sich mit quantenmechanischen Methoden nicht beschreiben läßt, kann man bei den Berechnungen davon ausgehen, daß das Elektron über den ganzen Raum „verschmiert" ist.

Die Frage, in welcher Entfernung vom Kern das Elektron sich am meisten aufhält, kann nicht allein durch Bestimmung der Dichte im Aufenthaltswahrscheinlichkeitsbereich beantwortet werden. Man kann sich veranschaulichen, daß die gesamte Aufenthaltswahrscheinlichkeit des Elektrons in einem bestimmten Gebiet noch von dem Gesamtvolumen des Gebietes abhängt. Die Zahl der Volumeneinheiten in einem bestimmten Kernabstand r ist proportional der Oberfläche einer Kugel mit dem Radius r, also proportional zu r^2. Die gesamte Wahrscheinlichkeit, das Elektron in einer Entfernung r vom Kern anzutreffen, ist also – abgesehen von der Richtungsabhängigkeit der Wahrscheinlichkeit – proportional zur *radia-*

Vergleich der Darstellung des Wasserstoffatoms nach dem Bohr-Modell und nach dem wellenmechanischen Orbitalmodell:
a) *Bohr*-Modell

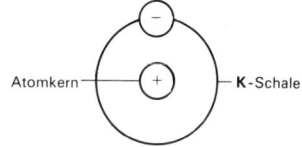

Das Elektron des Wasserstoffatoms kreist auf der K-Schale um den Atomkern.
b) Wellenmechanisches Orbitalmodell

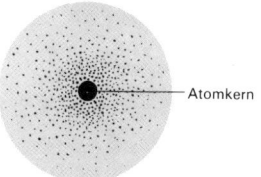

Aufenthaltswahrscheinlichkeitsraum des Elektrons, das sich um den Kern eines Wasserstoffatoms bewegt. Je dichter die Punkte gezeichnet sind, desto größer ist die Antreffwahrscheinlichkeit des Elektrons im 1s-Orbital.

Der bedeutendste Unterschied zwischen dem früher gebrauchten Bild der Elektronenschale und dem heute gebräuchlichen Begriff Orbital liegt darin, daß der letztgenannte Begriff keine fest fixierten Aufenthaltsorte, wie Kreis- oder Ellipsenbahnen, für die Elektronen eines Atoms postuliert, sondern lediglich einen Raum beschreibt, in dem sich (wie wir unten erörtern) bis zu zwei Elektronen mit hoher Wahrscheinlichkeit aufhalten können.

45

len Verteilungsfunktion $r^2\psi^*\psi$. Für die niedrigsten Energiezustände ist diese Funktion in der Abb. auf S. 44 (dritte
Kurve) und durch die Kurven in Abb. S. 55 wiedergegeben.
Bemerkenswert ist, daß alle Kurven mindestens ein ausge-
prägtes Maximum haben, das die Zone angibt, in der ein
Elektron mit den entsprechenden Quantenzahlen sich am
häufigsten aufhält. Diese Zonen ersetzen folglich die in der
älteren Quantentheorie berechneten Elektronenbahnen. Es
zeigt sich, daß die Lage des Maximums für $n = 1$ genau mit
dem Radius der mit der alten Theorie berechneten ersten
*Bohr*schen Bahn zusammenfällt. In beiden Fällen beträgt r
etwa 0,053 nm. Der Unterschied liegt darin, daß nach der
neuen Theorie das Elektron sich mit einer endlichen Wahrscheinlichkeit auch an Stellen außerhalb des eigentlichen Maximums aufhält.

Die Quantenzahlen und ihre Interpretation

Die Beschreibung der Struktur der Atomhülle läuft auf die
Berechnung der Aufenthaltswahrscheinlichkeit des Elektrons
hinaus; d. h. auf die Bestimmung der Elektronendichte um
den Atomkern. Dies bedeutet mathematisch betrachtet nichts
anderes, als daß die Ortskoordinaten des Elektrons bestimmt
werden müssen. Wir wollen uns daher noch kurz mit den Lösungen der *Schrödinger*gleichung (10) befassen.
Die Gesamtenergie [E in Gleichung (10)] des Elektrons spielt
eine entscheidende Rolle bei den Lösungen der *Schrödinger*-
gleichung. Es zeigt sich nämlich, daß die *Schrödinger*gleichung, abgesehen von bestimmten, schon genannten Voraussetzungen, nur für bestimmte Energiewerte Lösungen
besitzt, die man als *Eigenwerte* des Problems bezeichnet. Die
für das Wasserstoffatom geltenden Eigenwerte stimmen exakt
mit den aus der *Bohr*schen Quantentheorie bekannten Ener-
giewerten überein, die durch Gleichung (5) gegeben sind. Jedem Eigenwert ist eine ganze Zahl n zugeordnet, die wie in
der alten Theorie als *Hauptquantenzahl* bezeichnet wird. Der
wichtigste Unterschied zwischen der alten Quantentheorie
und der modernen Quantenmechanik ist der, daß man in
letzterer keine speziellen Annahmen mehr zu machen
braucht, um quantisierte Lösungen zu erhalten.
Die zu verschiedenen Eigenwerten gehörenden Lösungen der
*Schrödinger*gleichung bezeichnet man als *Eigenfunktionen*.
Sie geben Aufschluß darüber, wie sich der Wert der Wellen-

Die Hauptquantenzahl *n*,
vgl. S. 29, Gleichung (3)

46

funktion von Punkt zu Punkt im Raum ändert. Man erkennt, daß die Lösung noch von der Hauptquantenzahl n abhängt. Für einen gegebenen Wert von n lassen sich im allgemeinen mehrere Wellenfunktionen finden, die der *Schrödinger*gleichung genügen. Ersetzt man die rechtwinkligen Koordinaten x, y, z zur Vereinfachung der Rechnung durch sphärische Polarkoordinaten (Kugelkoordinaten) r, φ und ϑ, wobei r der Abstand vom Kern und φ und ϑ die Winkel sind, die die Lage des betrachteten Punktes außerhalb des Kerns beschreiben, so läßt sich die Lösung der *Schrödinger*gleichung formal so schreiben:

$$\psi = F_{n,l}(r)\, G_{l,m}(\varphi, \vartheta)$$

Die Symbole haben folgende Bedeutung: Die Amplitude ψ der eigentlichen Wellenfunktion ψ kann aufgespalten werden in einen Anteil F, der angibt, wie sich ψ als Funktion des Kernabstands ändert, und in einen Winkelanteil G, der die Änderung von ψ in Abhängigkeit von der Orientierung beschreibt. Der Radialanteil $F(r)$ hängt auch noch von den Indizes n und l ab, also von der Hauptquantenzahl n und der Quantenzahl l, die man als *Nebenquantenzahl*, (auch: Bahndrehimpulsquantenzahl) bezeichnet und die nur ganzzahlige Werte annehmen kann. Im richtungsabhängigen Winkelanteil $G(\varphi, \vartheta)$ tritt n nicht mehr auf, dafür aber l und ein Parameter m, der nur ganzzahlige Werte annehmen kann und als *magnetische Quantenzahl* bezeichnet wird. Die Quantenzahlen l und m kommen in die Lösung mit hinein, ohne daß man spezielle Annahmen über die physikalische Natur des Systems machen muß.

Jedes Elektron eines Atoms ist auf diese Weise durch bestimmte Werte der drei Quantenzahlen n, l und m charakterisiert, für die die folgenden Regeln gelten:

n kann jeden ganzzahligen, positiven Wert annehmen, der größer oder gleich 1 ist.

l kann alle ganzzahligen Werte zwischen 0 und $n - 1$ annehmen. Für $n = 1$ gilt $l = 0$; für $n = 2$ ist $l = 0$ oder $l = 1$ usw.

m kann bei gegebenen Werten von n und l alle ganzzahligen Werte zwischen $-l$ und $+l$ haben. Ist beispielsweise $n = 3$ und $l = 2$, so kann m die Werte $-2, -1, 0, +1, +2$ annehmen.

Ein Elektron, das sich in einem bestimmten, durch die Werte von n, l und m charakterisierten Zustand befindet, bewegt

Die Nebenquantenzahl l, vgl. S. 37, Gleichung (7)

Die magnetische Quantenzahl m

47

sich in einem *Orbital*. Diese Bezeichnung, die unabhängig von der Eigenfunktion ψ in die Theorie eingeführt wurde, hat sich vor allem in der Chemie eingebürgert.

Wir haben festgestellt, daß der Eigenwert, das ist der Ausdruck für die Gesamtenergie des Elektrons, für das Wasserstoffatom in erster Näherung nur von n abhängt. Im allgemeinen Fall gehen dagegen n und l in den Ausdruck für den Eigenwert ein. Dies gilt auch dann für das Wasserstoffatom, wenn man genauere Berechnungen anstellt, indem man z. B. dem Spin des Elektrons Rechnung trägt. Der Energieinhalt ist dagegen unabhängig von m. Der Energieunterschied von Zuständen mit gleichem n, aber verschiedenen l-Werten ist im allgemeinen nicht so groß wie die Energiedifferenz zwischen Zuständen mit verschiedenen n-Werten.

Um die Elektronen in den verschiedenen Energiezuständen zu charakterisieren, hat man eine symbolische Schreibweise für die dem Elektron zugeordneten Werte von n und l eingeführt. Die Hauptquantenzahl n wird durch ihren Zahlenwert angegeben, die Bahndrehimpulsquantenzahl l auf folgende Weise durch einen Buchstaben:

Die Kennbuchstaben *s, p, d* und *f* entsprechen den ersten Buchstaben der englischen Namen bestimmter Serien von Spektrallinien (sharp, profundal, diffuse, fundamental), mit deren Energieniveaus diese Nebenquantenzahlen verknüpft werden können. Ab $l = 4$ folgen die Kennbuchstaben in alphabetischer Reihenfolge (*g, h, i,* usw.).

$$l = 0 \text{ bedeutet } s$$
$$l = 1 \text{ bedeutet } p$$
$$l = 2 \text{ bedeutet } d$$
$$l = 3 \text{ bedeutet } f$$
$$l = 4 \text{ bedeutet } g$$
$$l = 5 \text{ bedeutet } h$$
$$l = 6 \text{ bedeutet } i$$

Aus untenstehender Tabelle sind die möglichen Kombinationen der Quantenzahlen für $n = 1$, 2 und 3 (K-, L- und M-Schale) zu entnehmen:

Schale Hauptquantenzahl (n)	K 1	L 2		M 3								
Nebenquantenzahl (l) Unterschale	0 s	0 s	1 p	0 s	1 p		2 d					
Magnetische Quantenzahl (m)	0	0	+1 0 −1	0	+1 0 −1		+2	+1	0	−1	−2	
Orbital	$1s$	$2s$	$2p_x$ $2p_y$ $2p_z$	$3s$	$3p_x$ $3p_y$ $3p_z$		$3d_{xy}$	$3d_{xz}$	$3d_{yz}$	$3d_{x^2-y^2}$	$3d_{z^2}$	

Die Lösungen der *Schrödingergleichung* enthalten – wie wir es oben gezeigt haben – die Quantenzahlen n, l und m, ohne daß man spezielle physikalische Annahmen machen müßte. In der alten Theorie symbolisiert n eine Ordnungszahl.

Man kann n aber auch, wie wir es S. 44 getan haben, als Anzahl der Knotenflächen der Elektronenwolke $+1$ ansehen. Die Quantenzahl l war in der älteren Theorie ein Maß für den Bahndrehimpuls des Elektrons (gelegentlich auch mit k symbolisiert). Nach dieser Theorie, in der man mit wohldefinierten Elektronenbahnen rechnet, wird die Existenz des Drehimpulses des Elektrons nicht in Frage gestellt. Nach der wellenmechanischen Betrachtungsweise aber kann man nicht so ohne weiteres einsehen, daß das Elektron einen Drehimpuls besitzt, da die Bewegung des Elektrons in der Wellenmechanik nicht im Detail untersucht werden kann. Eine Aussage macht aber das Unbestimmtheitsprinzip. Da nämlich die jeweilige Lage des um den Kern laufenden Elektrons völlig unbekannt ist, läßt sich dessen Bahndrehimpuls genau bestimmen. Man vermeidet diese Schwierigkeit dadurch, daß man nicht mehr von einer Eigenbewegung des Elektrons spricht, sondern statt dessen sagt, daß die Quantenzahl l ein Maß für die Rotation der Elektronenwolke ist. Kommen wir auf das früher skizzierte Atommodell zurück, so können wir sagen, daß die Elektronen der Nebenschalen $l \neq 0$ sich um so schneller um den Kern drehen, je größer l ist.

Quantenmechanische Berechnungen haben ergeben, daß der Betrag des Drehimpulses nicht proportional zu l, sondern zu $\sqrt{l(l+1)}$ ist; die Proportionalitätskonstante ist $h/2\pi$. *Für $l=0$ ist der Bahndrehimpuls gleich 0; für $l=1$ ist er gleich $h\sqrt{2}/2\pi$; für $l=2$ entsprechend $h\sqrt{6}/2\pi$ usw.*

Der Drehimpuls ist ein Vektor und kann demnach alle möglichen Richtungen im Raum haben. Wie wir früher schon gesehen haben, ist die Quantenzahl m durch den Winkelanteil (Richtungsabhängigkeit) der Wellenfunktion bestimmt, und wir erinnern uns, daß die möglichen m-Werte mit den Werten von l nach der in einem der vorigen Abschnitte angegebenen Regel gekoppelt sind. Die Quantenzahl m kann nun interpretiert werden als die Projektion des Vektors l (Bahndrehimpuls) auf eine bestimmte Raumrichtung. Für $l=1$ beispielsweise ist der Betrag (Länge) des Drehimpulsvektors proportional zu $\sqrt{2}$, und der Vektor l kann sich in drei verschiedene Richtungen im Raum so einstellen, daß seine Projektion auf eine gegebene Richtung den Betrag $(+1)$ in der einen Richtung, (-1) in der entgegengesetzten Richtung und (0) hat. Die feste Richtung, von der wir hier sprechen, ist nicht von vornherein gegeben, wird aber beispielsweise durch Anlegen eines äußeren magnetischen Feldes näher bestimmt. Dann kann sich der Drehimpulsvektor nur so einstellen, daß dessen Projektionen auf die Richtung des Magnetfeldes (parallel und antiparallel zur Feldrichtung) den möglichen *m*-Werten entsprechen. Diese Erscheinung bezeichnet man als *Richtungsquantelung*. Daher wird *m* auch als *magnetische Quantenzahl* oder *Orientierungsquantenzahl* bezeichnet.

Da das Elektron eine Ladung hat, besitzt es außer dem Drehimpuls auch ein magnetisches Moment, dessen Betrag gegeben ist durch:

$$ - \frac{eh}{4\varepsilon_0 m} \sqrt{l(l+1)} $$

dabei ist *e* die Elektronenladung, *h* die *Planck*sche Konstante und *m* die Elektronenmasse. Das negative Vorzeichen berücksichtigt, daß das Elektron eine negative Ladung trägt. Den Ausdruck $eh/4\varepsilon_0 m$ nennt man *Bohrsches Magneton*. Aufgrund dieses magnetischen Moments besitzt das Elektron bei Anwesenheit eines magnetischen Feldes verschiedene Energien, die von der Orientierung des Drehimpulses relativ zur Feldrichtung abhängen. Wir haben schon darauf hingewiesen, daß die Quantenzahl *m* nicht in den Ausdruck für die Gesamtenergie des Elektrons (Eigenwert bei den Lösungen der *Schrödinger*gleichung) eingeht, so daß Zustände mit gleichem *l*, aber verschiedenen *m*-Werten die gleiche Energie haben. Solche Zustände nennt man *entartet*. Bei Anlegen eines Magnetfelds wird diese Entartung aufgehoben.

Die Spinquantenzahl (s). Das quantenmechanische oder wellenmechanische Atommodell hat zweifellos große Vorteile gegenüber dem älteren *Bohr*schen Modell. Unter anderem braucht man nun keine speziellen Annahmen mehr über die Bewegung des Elektrons zu machen, um die Quantisierung der Energien zu gewährleisten. Es wurde aber sehr bald festgestellt, daß auch die neuentwickelte Theorie nicht alle bis dahin zusammengetragenen experimentellen Daten erklären konnte. So war beispielsweise die bei vielen Spektrallinien beobachtete Feinstruktur unter anderem beim Wasserstoffatom völlig unverständlich. Es schien so, als ob die Elektronen noch zusätzliche Bewegungsformen zeigten, die in der bis dahin entwickelten Theorie noch nicht berücksichtigt worden waren.

1925 zeigten *Uhlenbeck* und *Goudsmit*, daß die spektroskopischen Beobachtungen durch die Annahme erklärt werden können, daß das Elektron außer seiner Rotation um den

Der Spin eines Elektrons wird auch mit ↑ bzw. ↓ symbolisch dargestellt. Haben zwei Elektronen gleichsinnigen Spin, dann spricht man von parallelem Spin und symbolisiert so: ↑↑ bzw. ↓↓. Der gegenläufige – antiparallele – Spin zweier Elektronen wird so gekennzeichnet: ↑↓.

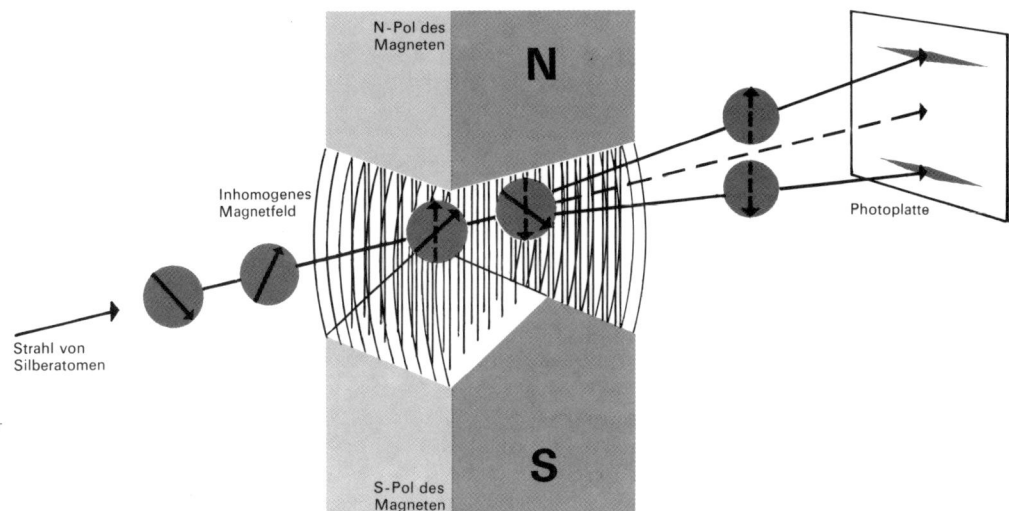

N-Pol des
Magneten

N

Inhomogenes
Magnetfeld

Strahl von
Silberatomen

S-Pol des
Magneten

S

Photoplatte

Atomkern noch eine Bewegung um seine eigene Achse ausführt oder, vorsichtiger ausgedrückt, daß das Elektron sich
wie ein um seine eigene Achse drehendes Teilchen verhält.
Eine solche Eigenrotation wird beim Elektron und bei anderen Teilchen als *Spin* bezeichnet. *Uhlenbeck* und *Goudsmit*
zeigten weiter, daß diese Bewegung quantisiert sein muß, und
führten die sog. *Spinquantenzahl s* ein, die, unabhängig von
n, l und m, nur die Werte $+ 1/2$ und $- 1/2$ annehmen kann. Das
positive und negative Vorzeichen gibt an, ob sich der Spin
parallel oder antiparallel zu einem beispielsweise äußeren magnetischen Feld einstellt. Die Spinquantenzahl folgt also nicht
aus der *Schrödinger*gleichung. Die Existenz des Elektronen-
spins wurde zum erstenmal von *Stern* und *Gerlach* experimentell bestätigt.

Das Pauliprinzip

Jedes physikalische System hat die Tendenz, einen niedrigstmöglichen Energiezustand anzunehmen. Je kleiner der Energieinhalt, um so stabiler ist das System. Also wird auch ein
Atom versuchen, einen Zustand anzunehmen, bei dem sämtliche Elektronen der Atomhülle den kleinstmöglichen Energieinhalt aufweisen. Das Atom befindet sich dann in seinem
Grundzustand (vgl. S. 30). Alle übrigen Zustände, bei denen
ein oder mehrere Elektronen eines Atoms höhere Energieinhalte als im Grundzustand besitzen, werden angeregte Zustände genannt (vgl. S. 30).

Der Stern-Gerlach-Versuch
Stern und *Gerlach* schos-
sen einen Strahl von Silberatomen durch ein stark inhomogenes Magnetfeld
und beobachteten, daß der
Strahl beim Durchlaufen
des Magnetfelds in zwei
Strahlen aufgespalten
wurde, die den s-Werten
$+ 1/2$ und $- 1/2$ entsprechen. Daraus wurde gefol-
gert, daß die magnetischen
Momente (Vektoren) der
Atome sich in zwei Rich-
tungen relativ zur Feldrichtung einstellen können. Die
Kraft, mit der das Magnetfeld auf die Atome wirkt, ist
für die beiden Kategorien
von Atomen verschieden
groß, und der Strahl wird
folglich aufgespalten. Dieser Versuch wurde 1922
zum erstenmal ausgeführt,
und es bestand kein Zwei-
fel, daß damit ein direkter
experimenteller Beweis für
die Existenz der Richtungsquantelung geliefert wor-
den war. Die quantitative
Interpretation dieses Versuchs konnte nur durch die
Annahme eines Elektro-
nenspins gegeben werden.

Der Energieinhalt eines Elektrons eines Atoms wird durch n (Hauptquantenzahl) und l (Nebenquantenzahl) bestimmt. Unter gewissen Bedingungen (vgl. *Stern-Gerlach-Versuch;* S. 51) üben auch die Spinquantenzahl s und – z.B. bei Einwirkung eines homogenen Magnetfelds auf bestimmte Atome – die magnetische Quantenzahl m einen Einfluß auf den energetischen Zustand des Atoms aus. Mit zunehmenden n- und l-Werten nimmt der Energieinhalt des Systems Atom ebenfalls zu. Der Grundzustand eines Atoms muß also dadurch charakterisiert sein, daß diese beiden Quantenzahlen aller Elektronen möglichst kleine Werte aufweisen. Der energetisch günstigste Zustand eines Atoms wäre theoretisch erreicht, wenn sich alle seine Elektronen in der *K*-Schale ($n = 1$), und zwar in deren s-Unterschale ($l = 0$), aufhielten.

Die Ergebnisse vieler Versuche und spektroskopischer Untersuchungen haben aber gezeigt, daß ein solcher Zustand niemals vorliegt und daß die Schalen und Unterschalen nur eine begrenzte Anzahl von Elektronen beinhalten können.

Die möglichen Kombinationen der Quantenzahlen werden durch eine von *Wolfgang Pauli* postularisch aufgestellte Regel bestimmt. Sie heißt *Pauliprinzip, Pauliverbot* oder auch *Ausschließungsprinzip von Pauli* und lautet:

Zwei Elektronen ein und desselben Atoms können niemals in allen vier Quantenzahlen (n, l, m und s) übereinstimmen. Anders ausgedrückt: Die Elektronen eines Atoms, die sich in ein und demselben Orbital (vgl. S. 49) aufhalten, unterscheiden sich in einer Quantenzahl, nämlich der Spinquantenzahl. Die möglichen Quantenzahlen der Elektronen eines Atoms sind also durch das *Pauliprinzip* eindeutig festgelegt.

Für die *K*-Schale ist $n = 1$, also l und m jeweils 0. Die Spinquantenzahl s kann zwei Werte, nämlich $+1/2$ und $-1/2$, annehmen. Im Orbital der *K*-Schale können sich daher nur zwei Elektronen aufhalten, und zwar mit antiparallelem Spin (vgl. S. 50). Ein drittes Elektron würde notwendigerweise in seinen Quantenzahlen mit einem der beiden Elektronen übereinstimmen, was nach dem *Pauliprinzip verboten* ist. Für ein drittes Elektron im Atom muß demgemäß, auch im Grundzustand (vgl. S. 30), $n = 2$ gelten; d.h., es gehört der *L*-Schale an. Die nachfolgende Tabelle zeigt die möglichen weiteren Kombinationen für die ersten drei Schalen eines Atoms, nämlich für die K-, L- und M-Schale:

$n =$	1	2				3								
$l =$	0	0	1			0	1			2				
$m =$	0	0	-1	0	$+1$	0	-1	0	$+1$	-2	-1	0	$+1$	$+2$
Orbital	$1s$	$2s$	$2p_x$	$2p_y$	$2p_z$	$3s$	$3p_x$	$3p_y$	$3p_z$	$3d_1$	$3d_2$	$3d_3$	$3d_4$	$3d_5$
$s =$	$+\frac{1}{2}$ $-\frac{1}{2}$	$+\frac{1}{2}$ $-\frac{1}{2}$	$+\frac{1}{2}$ $-\frac{1}{2}$	$+\frac{1}{2}$ $-\frac{1}{2}$	$+\frac{1}{2}$ $-\frac{1}{2}$	$+\frac{1}{2}$ $-\frac{1}{2}$	$+\frac{1}{2}$ $-\frac{1}{2}$	$+\frac{1}{2}$ $-\frac{1}{2}$	$+\frac{1}{2}$ $-\frac{1}{2}$	$+\frac{1}{2}$ $-\frac{1}{2}$	$+\frac{1}{2}$ $-\frac{1}{2}$	$+\frac{1}{2}$ $-\frac{1}{2}$	$+\frac{1}{2}$ $-\frac{1}{2}$	$+\frac{1}{2}$ $-\frac{1}{2}$
Spin	↑ ↓	↑ ↓	↑ ↓	↑ ↓	↑ ↓	↑ ↓	↑ ↓	↑ ↓	↑ ↓	↑ ↓	↑ ↓	↑ ↓	↑ ↓	↑ ↓
Anzahl der Elektronen pro Orbital:	2	2	2	2	2	2	2	2	2	2	2	2	2	2
Anzahl der Elektronen pro Unterschale:	2	2	6			2	6			10				
Anzahl der Elektronen pro Schale ($= 2n^2$)	2	8				18								

Das *Pauliprinzip* folgt nicht aus den grundlegenden Aussagen der Quantenmechanik. Es muß vielmehr als Hypothese angesehen werden, die bis heute noch nicht theoretisch untermauert wurde.

Orbitalenergieniveaus

Bei der Behandlung des Wasserstoffspektrums auf S. 32 haben wir ein *Energieniveau-Schema (Term-Schema)* für die Hauptenergiestufen des Atoms angegeben, wobei wir als Energieskala das Elektronenvolt (eV) wählten. Den *Bohr*schen Elektronenschalen entsprechen die *Hauptenergieniveaus K* ($n = 1$), *L* ($n = 2$), *M* ($n = 3$), ..., *Q* ($n = 7$). Bei Nicht-Wasserstoffatomen kann man eine weitere Aufspaltung der Hauptenergieniveaus feststellen (vgl. nebenstehendes Schema). Bei solchen Atomen ist stets das Energieniveau der $n s$-Orbitale kleiner als das der $n p$-Orbitale. Die drei p-Orbitale ein und desselben Hauptenergieniveaus sind jedoch entartet; d.h., es kommt ihnen (aufgrund ihrer prinzipiell gleichen Gestalt; vgl. Abb. S. 54) praktisch der gleiche Energieinhalt zu. Der Energieinhalt der drei $3p$-Orbitale mit ihrer einzigen geneigten Knotenfläche (vgl. S. 57) ist jedoch geringer als jener der fünf $3d$-Orbitale, die zwei geneigte Knotenflächen aufweisen.

Die Energieinhalte der einzelnen *Unterniveaus* eines Hauptenergieniveaus steigen in der Reihe $s, p, d, f \ldots$ an. Dabei sind die Differenzen der Energieinhalte im Bereich der unbesetzten Niveaus eines Atoms im allgemeinen beträchtlich. Es ist jedoch zu beachten, daß die höheren Unterniveaus eines bestimmten Hauptenergieniveaus (z.B. $3d$) einen höheren

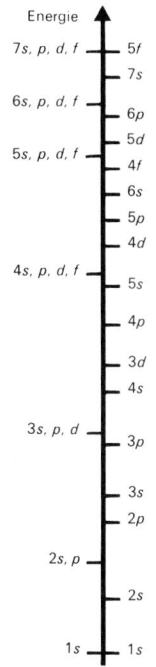

Energie

7s, p, d, f — 5f
— 7s
6s, p, d, f — 6p
— 5d
5s, p, d, f — 4f
— 6s
— 5p
— 4d
4s, p, d, f — 5s
— 4p
— 3d
— 4s
3s, p, d — 3p
— 3s
— 2p
2s, p — 2s
1s — 1s

„Leiter der Orbitalenergieniveaus"
links: Wasserstoffatom
rechts: Nicht-Wasserstoffatome

53

Das wellenmechanische Orbitalmodell
– dargestellt am Beispiel des
Wasserstoffatoms –

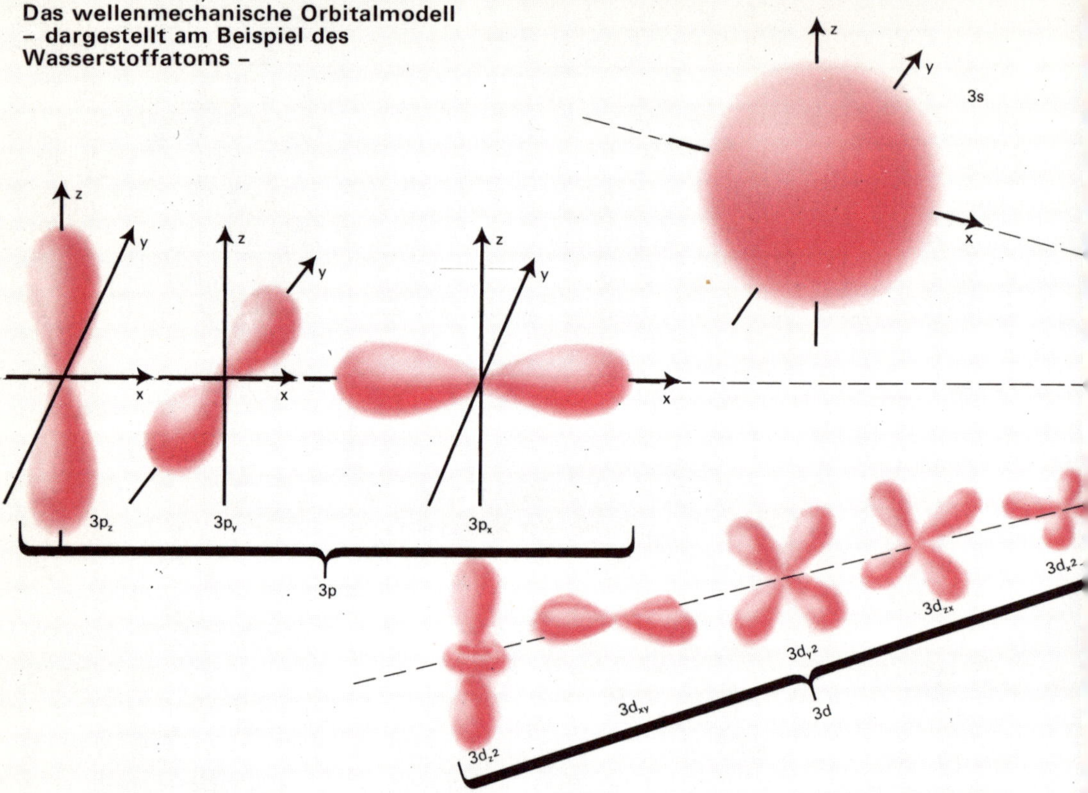

3s

z

y

x

3p$_z$ 3p$_y$ 3p$_x$

3p

3d$_{z^2}$

3d$_{xy}$ 3d$_{y^2}$ 3d$_{zx}$ 3d$_{x^2}$

3d

Der Verlauf der Wellenfunktion hängt von den drei Quantenzahlen n, l und m ab. Die geometrische Form der Elektronenwolke ist durch die Quantenzahlen n und l bestimmt, die den Quantenzahlen in der Bohr-Sommerfeldschen Theorie entsprechen. Wie in der alten Quantentheorie ist n die *Hauptquantenzahl*. Sie ist ganzzahlig und größer oder gleich 1. Je größer n ist, um so weiter verschiebt sich das Maximum der radialen Verteilungsfunktionen zu größeren r-Werten hin, d. h., daß das Elektron sich öfter in größeren Kernabständen aufhält. Die Energie des Elektrons hängt von n ab.

Die Nebenquantenzahl l (Bahndrehimpulsquantenzahl) kann alle ganzzahligen Werte zwischen 0 und $(n-1)$ annehmen. In ihr spiegeln sich die Symmetrieeigenschaften der Elektronenwolke wider. Für $l = 0$ ist die Elektronenwolke kugelsymmetrisch. Das heißt, daß sich das Elektron, vom Kern aus gesehen, in allen Richtungen mit gleicher Wahrscheinlichkeit aufhält. Dieser Fall trifft für $n = 1$ immer zu. Bei anderen l-Werten enthält die Elektronenwolke ebene und kegelförmige Knotenflächen, in denen die Aufenthaltswahrscheinlichkeit des Elektrons Null ist. Die Wolke kann durch „Keulen" verschiedener Richtung dargestellt werden (oben).

Die Wahrscheinlichkeitswolke wird oft als *Orbital* bezeichnet. Für l größer als 0 gibt es verschiedene Orbitals, deren Zahl gegeben ist durch $(2l + 1)$, also 3 für $l = 1$, 5 für $l = 2$ usw. Die verschiedenen Orientierungen dieser Orbitals entsprechen verschiedenen Werten der dritten Quantenzahl, der *magnetischen Quantenzahl* m.

3s-Orbital im Schnitt

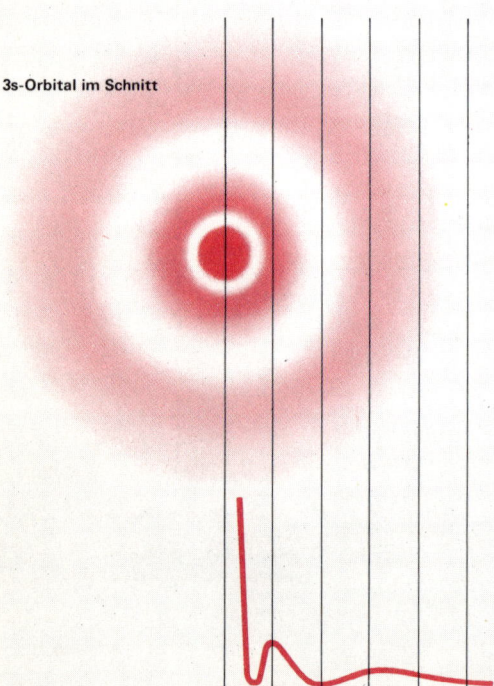

0   0,2   0,4   0,6   0,8   1,0 nm

3p-Orbital im Schnitt

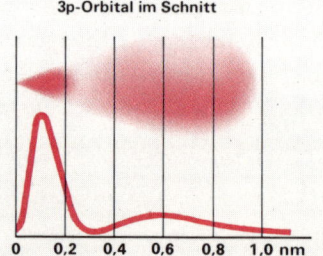

0   0,2   0,4   0,6   0,8   1,0 nm

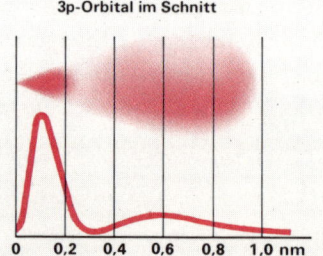

Diese Diagramme zeigen,
wie sich die
Aufenthaltswahrscheinlichkeit ($\psi\psi^*$)
des Elektrons im Wasserstoffatom
als Funktion des Kernabstands r
und der verschiedenen
n- und l-Werte ändert.
Die Entfernung r
ist in Nanometer (nm)
angegeben (Kreise).

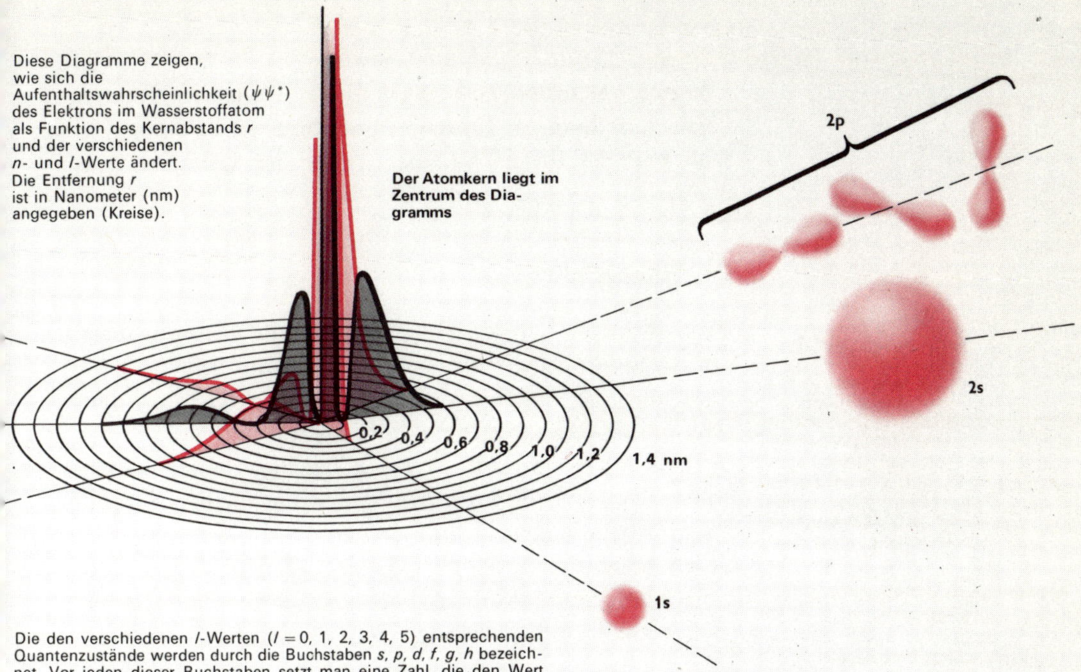

**Der Atomkern liegt im
Zentrum des Dia-
gramms**

2p

2s

0,2 0,4 0,6 0,8 1,0 1,2 1,4 nm

1s

Die den verschiedenen l-Werten ($l=0, 1, 2, 3, 4, 5$) entsprechenden
Quantenzustände werden durch die Buchstaben s, p, d, f, g, h bezeich-
net. Vor jeden dieser Buchstaben setzt man eine Zahl, die den Wert
von n angibt. Auf diese Weise werden auch die Orbitals gekennzeichnet.
In den Diagrammen unten sind die Orbitals von $1s$ bis $3d$ für das
Wasserstoffatom wiedergegeben.

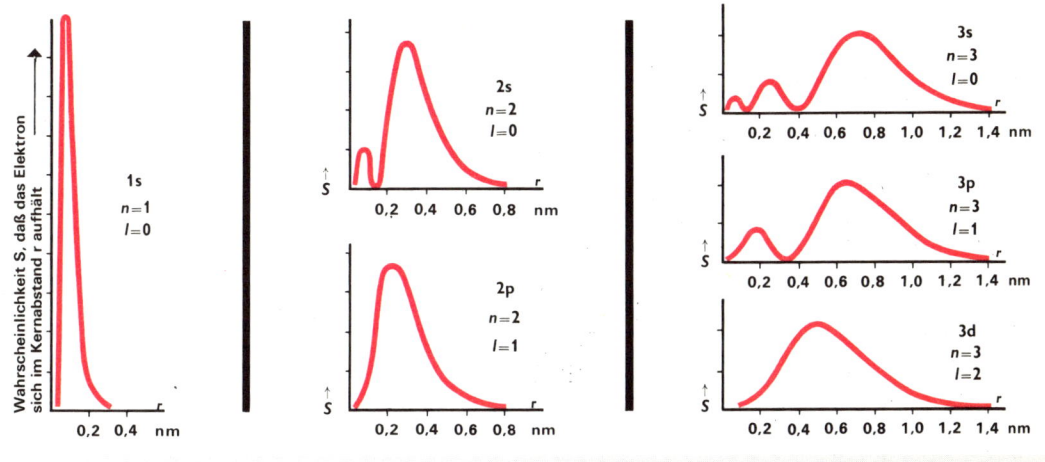

In den obigen Diagrammen ist die radiale Verteilungsfunktion für die behandelten Orbitals wiedergegeben.
Man sieht, daß die Anzahl der Maxima bei konstantem l mit wachsendem n zunimmt, und daß die Lage
des Maximums sich mit wachsendem n zu größeren
r-Werten hin verschiebt, um so weniger aber, je
größer l ist. Auch für große n-Werte nähert sich das
Elektron manchmal dem Kern. Der Kernabstand
(waagerechte Achse) ist in Nanometer (nm) angegeben.

Energieinhalt aufweisen können als die niedrigeren Unterniveaus eines höheren Hauptenergieniveaus (z. B. 4*s*).

Auf Seite 53 finden Sie die „Leiter der Orbitalenergieniveaus".

Die Hundsche Regel

Hundsche Regel: Einfachbesetzung vor Doppelbesetzung!
Jeder Orbital enthält maximal ein Elektronenpaar. Das Niveau einer Elektronenschale füllt sich so auf, daß jedes der Orbitale zunächst nur ein einzelnes Elektron aufnimmt, bevor sich ein Orbital mit einem Elektronenpaar absättigt. Hat man ein Niveau zur Hälfte aufgefüllt, so besitzt jedes der Orbitale jeweils ein Elektron. Die Energieniveaus, die zur Hälfte aufgefüllt sind, sind relativ stabil.

Beim Wasserstoffatom, $_1$H, ist der 1*s*-Orbital (das ist der *s*-Orbital mit der „Schalennummer" $n = 1$) mit 1 Elektron besetzt, man sagt auch, er sei *einfach besetzt*. Heliumatome, $_2$He, weisen 2 Elektronen im 1*s*-Orbital auf; d. h., der 1*s*-Orbital ist *doppelt besetzt*. Wie wir bereits erfahren haben, können sich aufgrund des *Pauli*verbotes niemals mehr als 2 Elektronen in einem Orbital aufhalten. Lithiumatome, $_3$Li, haben daher einen doppelt besetzten 1*s*-Orbital und einen einfach besetzten 2*s*-Orbital. Dieser ist bei Berylliumatomen, $_4$Be, ebenfalls doppelt besetzt. Beim Boratom, $_5$B, wird zusätzlich einer der drei energiegleichen 2*p*-Orbitale einfach besetzt. Beim Kohlenstoffatom, $_6$C, wird nun keineswegs einer der 2*p*-Orbitale doppelt besetzt; es werden vielmehr zwei der drei 2*p*-Orbitale einfach besetzt. Beim Stickstoffatom, $_7$N, sind schließlich alle drei 2*p*-Orbitale einfach besetzt und erst beim Sauerstoffatom, $_8$O, wird einer der drei 2*p*-Orbitale doppelt besetzt.

Wie bereits erwähnt (S. 53) sind die Orbitale ein und derselben Unterschale energiegleich. Diese Tatsache nennt man „*entarteten Zustand*". Bei entarteten Zuständen gilt eine *Regel*, die wir soeben interpretiert haben und die 1925 der deutsche Physiker *Hund* aufgestellt hat. Sie besagt: *Die Orbitale entarteter Zustände* (d. h. sämtliche Orbitale einer Unterschale) *werden zunächst nacheinander einfach* (d. h. mit je 1 Elektron) *besetzt, bevor sie mit Elektronen entgegengesetzten Spins angefüllt werden*.

Im folgenden Kapitel „Das Periodensystem" finden wir zahlreiche Anwendungsbeispiele für das *Pauli*prinzip und für die *Hund*sche Regel.

Das wellenmechanische Orbitalmodell

Die Anwendung der *Schrödinger*gleichung auf das Wasserstoffatom liefert die Quantenzahlen (vgl. S. 46) mit Ausnahme der Spinquantenzahl (vgl. S. 50). Die Gesamteigenfunktion ψ folgt multiplikativ aus den Lösungen der

56

Teilgleichung der *Schrödinger*gleichung (vgl. S. 41). $\psi\psi^*$ ist nur im *Aufenthaltswahrscheinlichkeitsraum* wesentlich von Null verschieden. Diesen Bereich nennt man *Orbital* (vgl. S. 49).

Die Gestalt der Orbitale ist je nach den *l*- und *m*-Werten, die sich aus den winkelabhängigen Teilgleichungen der *Schrödinger*gleichung ergeben, verschieden.

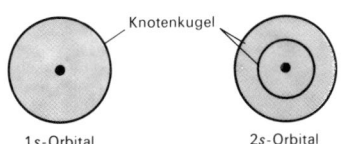

Orbital	Knotenkugeln
1s	1
2s	2
3s	3
. . . .	. . . .

Man kann sich die Orbitale als Veranschaulichungen dreidimensionaler stehender Wellen vorstellen, wie sie zur Analogisierung der Materiewellen der Atomhüllen geeignet sind. Die einfachste dreidimensionale stehende Welle hat Kugelgestalt. Sie weist im energieärmsten Zustand einen Schwingungsbauch ($\triangleq$ höchste Elektronendichte) im Zentrum der Kugel auf und einen einzigen Schwingungsknoten (hier herrscht keine Bewegung der Materiewelle bzw. ist die Elektronendichte Null). Dieser Schwingungsknoten legt sich als Kugelschale um die Kugel. Sie liegt im einfachsten Fall, also beim 1s-Orbital, in unendlicher Entfernung vom Atomkern. Da es aber nur sinnvoll ist, jenen Bereich zu umgrenzen, in dem die „Schwingungsintensität" bzw. Antreff- oder Aufenthaltswahrscheinlichkeit des Elektrons 90% ist, können wir uns die Kugelschale schon bei wenigen Zehntel-Nanometern Abstand den Atomkern umgebend vorstellen (vgl. Abb. S. 55). Da sich das Elektron nicht im Atomkern aufhalten kann, ist im Bereich des Kerns seine Antreffwahrscheinlichkeit Null, aber in seiner unmittelbaren Umgebung bereits maximal groß (vgl. ebenda).

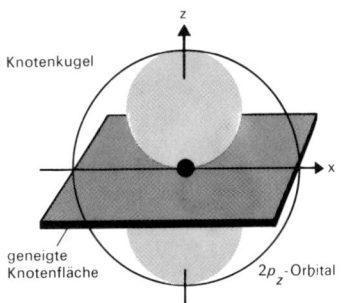

Unterschale	geneigte Knotenflächen
s	0
p	1
d	2
f	3

Alle *s*-Orbitale sind kugelförmig. Sie weisen jedoch – gemäß der Hauptquantenzahl, der sie zuzuordnen sind – mit zunehmendem *n* jeweils eine zusätzliche „*Schwingungsknotenkugelfläche*" auf (vgl. den Schnitt durch den 2s-Orbital in der nebenstehenden Abbildung).

Man kann sich eine kugelförmige Materiewelle auch einen anderen Schwingungszustand einnehmend vorstellen. So könnte z. B. mitten durch die Kugel eine Knotenfläche gehen, so daß links und rechts von ihr zwei kleinere Kugeln schwingen. Solche nicht kugelförmigen Knotenflächen, die durch den Kern gehen, nennt man *geneigte Knotenfläche*. Erstmals bei den Orbitalen mit zwei Knotenflächen ist es möglich, daß eine geneigte Knotenfläche vorliegt. Dieser Fall ist bei den 2p-Orbitalen verwirklicht, wobei die geneigte Knotenfläche parallel einer der drei räumlichen Koordinaten (also parallel der x-, y- und z-Achse; vgl. Abb. S. 54) ange-

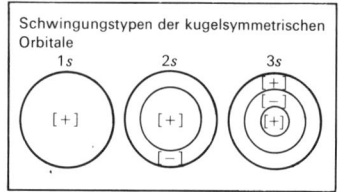

Schwingungstypen der kugelsymmetrischen Orbitale

1s   2s   3s

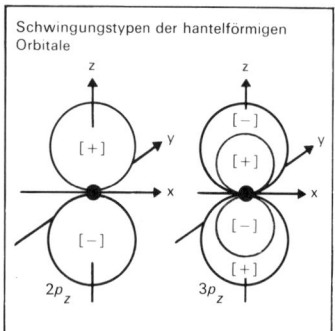

Schwingungstypen der hantelförmigen Orbitale

$2p_z$ $3p_z$

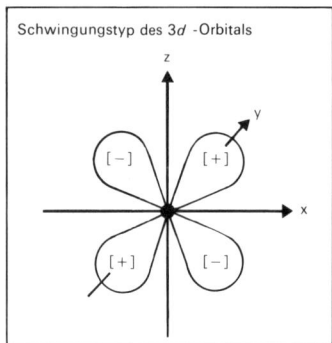

Schwingungstyp des 3d -Orbitals

ordnet sein kann. Den Zusammenhang zwischen der Neben-quantenzahl und der Anzahl der geneigten Knotenflächen zeigt die Tabelle S. 57.

Infolge der zunehmenden Zahl geneigter Knotenflächen weisen die d- und f-Orbitale meist eine sehr komplizierte Gestalt auf (vgl. Form der 3d-Orbitale Abb. S. 54).

Schwingungsphasen. Eine Materiewelle befindet sich immer in einer definierten Schwingungsphase. Stellen wir uns anschaulich einen 1s-Orbital als schwingenden Rauminhalt eines Luftballons vor. Der Ballon zieht sich dann periodisch zusammen, [−]-Phase, und expandiert (dehnt sich aus) periodisch, [+]-Phase. Die Zeichen [+] und [−] sind Vorzeichen der betreffenden Wellenfunktionen. Nebenstehend sind einige Schwingungstypen der s-, p- und d-Unterschale skizziert.

Gegenüber den bisher beschriebenen Atommodellen weist das wellenmechanische Orbitalmodell eine Reihe von Vorzügen auf. Es gilt heute als das leistungsfähigste Atommodell, weil

– zum Aufstellen des wellenmechanischen Orbitalmodells keine zusätzlichen Annahmen gemacht werden müssen (man denke an die *Bohr*schen Postulate!)

– das Modell keine Widersprüche zu den bekannten physikalischen Gesetzen aufweist (man denke an die Instabilität des „*Rutherford*-Atoms")

– es viele Beispiele der Übereinstimmung zwischen der wellenmechanischen Theorie und experimentellen Ergebnissen gibt (so finden z. B. viele aus der Chemie bekannten Eigenschaften der Moleküle ihre Erklärung)

Darüber hinaus darf man nicht vergessen, daß das Orbitalmodell der wahren Gestalt und Eigenschaften der Atome zwar nahekommt, die realen Atome aber sehr wahrscheinlich nicht mit ihren Orbitalbildern identisch sind. Das Orbitalmodell findet seine Grenzen, da nach *H. Eckhardt*

– deduktiv-mathematisch gesicherte Aussagen bisher nur für das Elektronensystem der Wasserstoffhülle möglich sind. (Die Vorstellungen über die Mehrelektronensysteme stellen vorerst nur das Ergebnis halbempirischer Methoden dar. Die Elektronenhüllen sämtlicher Atome weisen sehr wahrscheinlich einen kugelsymmetrischen Bau auf!).

– das Modell scharfe Raumbegrenzungen vortäuscht, obgleich die Aufenthaltsräume für Elektronen nach außen zu theoretisch unbegrenzt sind.

Der Atomphysiker *W. Finkelnburg* zieht aus der Unschärferelation und dem Welle-Korpuskel-Dualismus (vgl. S. 26ff)
den Schluß, daß „das ‚Atom an sich‘ in den uns gewöhnten
Begriffen Raum und Zeit nicht beschreibbar (ist), weil unsere
Raumbegriffe einen Punkt im Raum und ein räumlich ausge-
dehntes Wellenfeld als nicht gleichzeitig vereinbare Gegen-
sätze erscheinen lassen… Sollen die Atome raumzeitlich in
Erscheinung treten, so müssen wir sie in Wechselwirkung mit
anderen Teilchen bringen und erfassen dabei stets nur die eine
Gruppe von Eigenschaften, während die der komplementä-
ren (entgegengesetzten) Seite dann grundsätzlich unbeob-
achtbar sind.“

6. Das Periodensystem (PSE)

Wir wenden uns zunächst der Periodentafel (Abb. S. 62–63)
zu. Die sieben waagrechten Reihen werden als *Perioden* bezeichnet. Durch die Periodennummer erfährt man, welcher
Elektronenschale die jeweils energiereichsten Elektronen
(„Außenelektronen“) der Atome der Elemente, die in der betreffenden Periode angeordnet sind, zugehören. Die senkrechten, nach internationaler Vereinbarung durch römische
Ziffern gekennzeichneten Spalten bezeichnet man als *Gruppen*. Man unterscheidet *Hauptgruppen* (Kennbuchstabe a
hinter der Ziffer) und *Nebengruppen* (Kennbuchstabe b hinter der Ziffer).
Die Atome der chemischen Elemente, die ein und derselben
Gruppe zugeordnet sind, besitzen dieselbe Anzahl von
Außenelektronen. (Eine Ausnahme bilden die Heliumatome.
Man ordnet das Helium in der VIII. bzw. O. Hauptgruppe
an, weil sich die Atome dieses Elements sehr ähnlich verhalten
wie die Atome der Elemente Neon (Ne), Argon (Ar), Kryp-
ton (Kr) usw., die alle acht Außenelektronen besitzen.)
Innerhalb einer Periode sind die *Atome nach zunehmender
Ordnungszahl angeordnet*. Die Ordnungszahl nimmt von
Element zu Element um den Zahlenwert 1 zu. Zwischen den
Hauptgruppenelementen $_{20}$Ca (Calcium) und $_{31}$Ga (Gallium),
$_{38}$Sr (Strontium) und $_{49}$In (Indium), $_{56}$Ba (Barium) und $_{81}$Tl
(Thallium), $_{88}$Ra (Radium) und dem noch unbekannten Ele-
ment mit der Ordnungszahl 113 sind die *Nebengruppenele-
mente* angeordnet. Die vierzehn Elemente, die auf das Lan- ‑

**Außenelektronen – Valenz-
elektronen – Valenzsphäre**
Die Elektronen eines
Atoms, die der jeweils äußeren Schale zuzuordnen
sind, heißen *Außenelektronen*.
Da sie sich am Bindungs-
geschehen beteiligen,
nennt man sie auch *Valenzelektronen* (lat. valere –
wert sein). Die Elektronenschale, in der sich die
Valenzelektronen aufhal-
ten, heißt *Valenzsphäre*.

59

Die chemischen Elemente, alphabetisch geordnet nach ihren Namen

*Ac	Actinium	*Fr	Francium	Na	Natrium	S	Schwefel (Sulfur)
Al	Aluminium	Gd	Gadolinium	Nd	Neodym	Se	Selen
*Am	Americium	Ga	Gallium	Ne	Neon	Ag	Silber (Argentum)
Sb	Antimon (Stibium)	Ge	Germanium	*Np	Neptunium	Si	Silicium
Ar	Argon	Au	Gold (Aurum)	Ni	Nickel	N	Stickstoff
As	Arsen	Hf	Hafnium	Nb	Niob		(Nitrogenium)
*At	Astatin	Ha	Hahnium	*No	Nobelium	Sr	Strontium
Ba	Barium	He	Helium	Os	Osmium	Ta	Tantal
*Bk	Berkelium	Ho	Holmium	Pd	Palladium	*Tc	Technetium
Be	Beryllium	In	Indium	P	Phosphor	Te	Tellur
Pb	Blei (Plumbum)	Ir	Iridium	Pt	Platin	Tb	Terbium
B	Bor	J	Jod	*Pu	Plutonium	Tl	Thallium
Br	Brom	K	Kalium	*Po	Polonium	*Th	Thorium
Cd	Cadmium	Co	Kobalt	Pr	Praseodym	Tm	Thulium
Cs	Caesium	C	Kohlenstoff	*Pm	Promethium	Ti	Titan
Ca	Calcium		(Carbonium)	*Pa	Protactinium	*U	Uran
*Cf	Californium	Kr	Krypton	Hg	Quecksilber	V	Vanadium
Ce	Cer	Cu	Kupfer (Cuprum)		(Mercurium oder	H	Wasserstoff
Cl	Chlor	*Ku	Kurtschatowium		Hydrargyrum)		(Hydrogenium)
Cr	Chrom	La	Lanthan	*Ra	Radium	Bi	Wismut
*Cm	Curium	*Lw	Lawrencium	*Rn	Radon		(Bismutum)
Dy	Dysprosium	Li	Lithium	Re	Rhenium	W	Wolfram
*Es	Einsteinium	Lu	Lutetium	Rh	Rhodium	Xe	Xenon
Fe	Eisen (Ferrum)		(Cassiopeium)	Rb	Rubidium	Yb	Ytterbium
Er	Erbium	Mg	Magnesium	Ru	Ruthenium	Y	Yttrium
Eu	Europium	Mn	Mangan	*Sm	Samarium	Zn	Zink (Zincum)
*Fm	Fermium	*Md	Mendelevium	O	Sauerstoff (Oxygenium)	Sn	Zinn (Stannum)
F	Fluor	Mo	Molybdän	Sc	Scandium	Zr	Zirkonium

* Alle Isotope des Elements sind *radioaktiv*

than ($_{57}$La) folgen, nennt man *Lanthanide*. Auf das Actinium ($_{89}$Ac) folgen die *Actinide*.

Aus der Periodentafel (Abb. S. 62–63) kann man auch die *Elektronenkonfiguration* der Atome sämtlicher bisher bekannter Elemente entnehmen. Die Leseweise dieser „Elektronenschreibweise" sei am Beispiel des Wasserstoffatoms ($_1$H) erörtert:

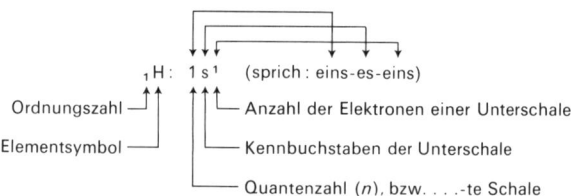

$_1$H: 1 s^1 (sprich: eins-es-eins)

Ordnungszahl ⎤
Elementsymbol ⎤

Anzahl der Elektronen einer Unterschale
Kennbuchstaben der Unterschale
Quantenzahl (n), bzw. . . . .-te Schale

Bei den Atomen der Elemente höherer Ordnungszahl vereinfacht man die Darstellung der Elektronenkonfiguration, indem man den Teil der Elektronenanordnung, der mit jener des vorhergehenden Edelgasatomes identisch ist, in Klammern mit dem Symbol des Edelgases wiedergibt. So schreibt man z. B. für das Zinnatom ($_{50}$Sn) nicht:

$$_{50}\text{Sn } 1s^2\ 2s^2\ 2p^6\ 3s^2\ 3p^6\ 3d^{10}\ 4s^2\ 4p^6\ 4d^{10}\ 5s^2\ 5p^2$$

sondern einfach:

$$_{50}\text{Sn [Kr]}4d^{10}\ 5s^2\ 5p^2$$

60

Anhand der Periodentafel läßt sich feststellen, daß man aus Platzgründen im Vereinfachen noch einen Schritt weiter gehen kann:

$$_{50}Sn\,[Kr]\,4d^{10}\,5s^2\,p^2$$

Neben der Darstellung der Elektronenkonfiguration durch die „Elektronenformel" hat sich noch die „*Pauling*sche Kästchenschreibweise" eingebürgert. Auch diese sei zunächst am Beispiel des Wasserstoffatoms erörtert:

$$_{1}H \quad \boxed{\uparrow}^{1s}$$

(sprich: beim Wasserstoffatom befindet sich ein Elektron im 1s-Orbital; oder: beim Wasserstoffatom ist der 1s-Orbital einfach besetzt)

Entsprechend ist die *Pauling*sche Kästchendarstellung für das Zinnatom:

$$_{50}Sn\,(Kr) \quad \underset{4d}{\boxed{\uparrow\downarrow}\,\boxed{\uparrow\downarrow}\,\boxed{\uparrow\downarrow}\,\boxed{\uparrow\downarrow}\,\boxed{\uparrow\downarrow}} \quad \underset{5s}{\boxed{\uparrow\downarrow}} \quad \underset{5p}{\boxed{\uparrow}\,\boxed{\uparrow}\,\boxed{}}$$

Eine weitere nützliche Darstellung der Elektronen ist die *Valenzstrichschreibweise*, von der wir in Teil II öfters Gebrauch machen. Bei dieser Darstellung werden lediglich die Valenzelektronen berücksichtigt, wobei die Atome allerdings nicht im Grundzustand, sondern im angeregten Zustand (vgl. S. 30), d. h. im bindungsbereiten Zustand, wiedergegeben sind. Mit *einem* Elektron besetzte Orbitale werden durch einen Punkt, · , symbolisiert; doppelt besetzte Orbitale durch einen senkrechten oder waagrechten Strich, | bzw. —.
Vergleichen wir mit der Tabelle:

Perioden	Hauptgruppen							
	Ia	IIa	IIIa	IVa	Va	VIa	VIIa	VIIIa/0
1	H·							He|
2	Li·	Be·	·B·	·C··	·N|	·O|	|F|	|Ne|
3	Na·	Mg·	·Al·	·Si·	·P|	·S|	|Cl|	|Ar|
4	K·	Ca·	·Ga·	·Ge·	·As|	·Se|	|Br|	|Kr|
5	Rb·	Sr·	·In·	·Sn·	·Sb|	·Te|	|J|	|Xe|
6	Cs·	Ba·	·Tl·	·Pb·	·Bi|	·Po|	|At|	|Rn|
7	Fr·	Ra·						

Der deutsche Chemiker *Lothar Meyer* und von ihm unabhängig der russische Chemiker *Dimitrij Mendelejew* veröffentlichten 1869, nachdem sie sorgfältig die Eigenschaften der verschiedenen Elemente untersucht hatten, eine Tabelle der Elemente, die als das *Periodensystem* bezeichnet wird. In der Tabelle waren die Elemente nach steigendem Atomgewicht in waagrechten Reihen derart angeordnet, daß Elemente mit gleichen Eigenschaften untereinanderstanden, und somit jeweils zu einer Spalte gehörten. Die waagrechten Reihen werden auch heute noch *Perioden*, die senkrechten *Gruppen* genannt. Die zwischen den Arbeiten von *Mendelejew* und *Pauli* erzielten Forschungsergebnisse machten deutlich, daß sich die chemischen Elemente besser nach ihren Ordnungszahlen als nach ihren Atomgewichten klassifizieren lassen. Wie schon erwähnt, gibt die Ordnungszahl nicht nur die Anzahl der positiven Ladungen (Protonen), sondern auch die Zahl der um den Kern kreisenden Elektronen eines Atoms an. Wenn man nun das Periodensystem aufbauen kann, indem man das *Pauli*prinzip auf die Elektronen der Elektronenhülle des Atoms angewandt wird, wird folgendes erreicht: Die physikalischen und chemischen Eigenschaften der Elemente, die *Mendelejew* als Grundlage für sein System benutzt hatte, hängen in erster Linie von der Elektronenhülle, insbesondere von der Anzahl der Elektronen in der äußersten Schale, ab. Diese Schlußfolgerung wurde durch alle Versuchsergebnisse bestätigt.

Die Valenzstrichschreibweise hat sich allgemein eingebürgert. Die Darstellung der Außenelektronen kann bei den Atomen der Elemente der VIII/O. Hauptgruppe unterbleiben.

61

Periodensystem der Elemente

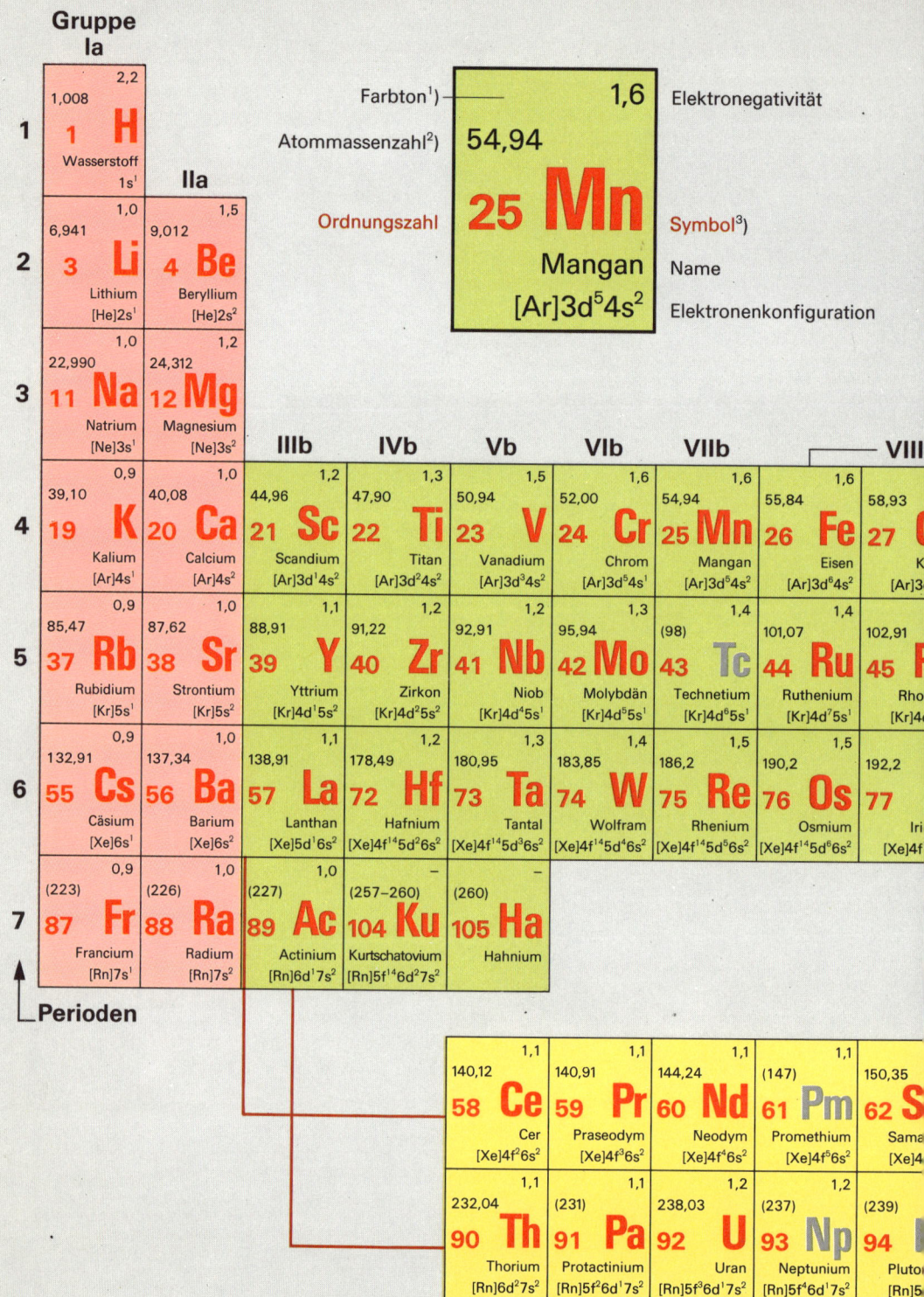

Gruppe Ia								
1 2,2 / 1,008 / **1 H** / Wasserstoff / 1s¹								

Farbton¹) —

Atommassenzahl²) — 54,94

Ordnungszahl — **25 Mn** — 1,6 Elektronegativität

— Symbol³)

Mangan — Name

[Ar]3d⁵4s² — Elektronenkonfiguration

1) Rot unterlegt: *s*-Elemente
   Blau unterlegt: *p*-Elemente
   Grün unterlegt: *d*-Elemente
   Gelb unterlegt: *f*-Elemente
2) Eingeklammerte Werte sind
   die Massenzahlen des
   stabilsten oder am besten
   untersuchten Isotops
3) Grau: Elemente nur
   synthetisch darstellbar

Quelle: Steudel, Chemie der
Nichtmetalle
Verlag Walter de Gruyter & Co.
Berlin · New York 1973

			IIIa	IVa	Va	VIa	VIIa	VIIIa/0
								4,003 — $\;$ 2 **He** Helium $1s^2$
			2,0 10,811 5 **B** Bor $[He]2s^2p^1$	2,5 12,011 6 **C** Kohlenstoff $[He]2s^2p^2$	3,1 14,007 7 **N** Stickstoff $[He]2s^2p^3$	3,5 15,999 8 **O** Sauerstoff $[He]2s^2p^4$	4,1 18,998 9 **F** Fluor $[He]2s^2p^5$	20,183 10 **Ne** Neon $[He]2s^2p^6$
			1,5 26,982 13 **Al** Aluminium $[Ne]3s^2p^1$	1,7 28,086 14 **Si** Silizium $[Ne]3s^2p^2$	2,1 30,974 15 **P** Phosphor $[Ne]3s^2p^3$	2,4 32,064 16 **S** Schwefel $[Ne]3s^2p^4$	2,8 35,453 17 **Cl** Chlor $[Ne]3s^2p^5$	39,948 18 **Ar** Argon $[Ne]3s^2p^6$
	Ib	IIb						
1,8 ⁷¹ **Ni**	1,8 63,54 29 **Cu** Kupfer $[Ar]3d^{10}4s^1$	1,7 65,38 30 **Zn** Zink $[Ar]3d^{10}4s^2$	1,8 69,72 31 **Ga** Gallium $[Ar]3d^{10}4s^2p^1$	2,0 72,59 32 **Ge** Germanium $[Ar]3d^{10}4s^2p^2$	2,2 74,92 33 **As** Arsen $[Ar]3d^{10}4s^2p^3$	2,5 78,96 34 **Se** Selen $[Ar]3d^{10}4s^2p^4$	2,7 79,91 35 **Br** Brom $[Ar]3d^{10}4s^2p^5$	83,80 36 **Kr** Krypton $[Ar]3d^{10}4s^2p^6$
1,4 **Pd**	1,4 107,87 47 **Ag** Silber $[Kr]4d^{10}5s^1$	1,5 112,40 48 **Cd** Cadmium $[Kr]4d^{10}5s^2$	1,5 114,82 49 **In** Indium $[Kr]4d^{10}5s^2p^1$	1,7 118,69 50 **Sn** Zinn $[Kr]4d^{10}5s^2p^2$	1,8 121,75 51 **Sb** Antimon $[Kr]4d^{10}5s^2p^3$	2,0 127,60 52 **Te** Tellur $[Kr]4d^{10}5s^2p^4$	2,2 126,90 53 **I** Jod $[Kr]4d^{10}5s^2p^5$	131,30 54 **Xe** Xenon $[Kr]4d^{10}5s^2p^6$
1,4 **Pt**	196,97 79 **Au** Gold $[Xe]4f^{14}5d^{10}6s^1$	— 200,59 80 **Hg** Quecksilber $[Xe]4f^{14}5d^{10}6s^2$	1,4 204,37 81 **Tl** Thallium $[Xe]4f^{14}5d^{10}6s^2p^1$	1,6 207,2 82 **Pb** Blei $[Xe]4f^{14}5d^{10}6s^2p^2$	1,7 208,98 83 **Bi** Wismut $[Xe]4f^{14}5d^{10}6s^2p^3$	1,8 (210) 84 **Po** Polonium $[Xe]4f^{14}5d^{10}6s^2p^4$	2,0 (210) 85 **At** Astat $[Xe]4f^{14}5d^{10}6s^2p^5$	(222) 86 **Rn** Radon $[Xe]4f^{14}5d^{10}6s^2p^6$

Platin $4f^{14}5d^96s^1$

1,0 ⁹⁶ **Eu** Europium $[Xe]4f^76s^2$	1,1 157,25 64 **Gd** Gadolinium $[Xe]4f^75d^16s^2$	1,1 158,93 65 **Tb** Terbium $[Xe]4f^96s^2$	1,1 162,50 66 **Dy** Dysprosium $[Xe]4f^{10}6s^2$	1,1 164,93 67 **Ho** Holmium $[Xe]4f^{11}6s^2$	1,1 167,26 68 **Er** Erbium $[Xe]4f^{12}6s^2$	1,1 168,93 69 **Tm** Thulium $[Xe]4f^{13}6s^2$	1,1 173,04 70 **Yb** Ytterbium $[Xe]4f^{14}6s^2$	1,1 174,97 71 **Lu** Lutetium $[Xe]4f^{14}5d^16s^2$
≈1,2 **Am** Americium $[Rn]5f^77s^2$	≈1,2 (247) 96 **Cm** Curium $[Rn]5f^76d^17s^2$	≈1,2 (249) 97 **Bk** Berkelium $[Rn]5f^97s^2$	≈1,2 (252) 98 **Cf** Californium $[Rn]5f^{10}7s^2$	≈1,2 (254) 99 **Es** Einsteinium $[Rn]5f^{11}7s^2$	≈1,2 (257) 100 **Fm** Fermium $[Rn]5f^{12}7s^2$	≈1,2 (258) 101 **Md** Mendelevium $[Rn]5f^{13}7s^2$	— (255) 102 **No** Nobelium $[Rn]5f^{14}7s^2$	— (257) 103 **Lw** Lawrencium $[Rn]5f^{14}6d^17s^2$

Wie wir der Periodentafel entnehmen können, werden bei den Atomen der Nebengruppenelemente – im Gegensatz zu den Atomen der Hauptgruppenelemente – die innerhalb einer Periode mit zunehmender Ordnungszahl hinzukommenden Elektronen nicht der jeweils „äußeren" Schale zugeordnet, sondern weiter „innen" liegenden Elektronenschalen. Bei den Lanthaniden und bei den Actiniden werden die jeweils „drittäußersten" Elektronenschalen besetzt.

Die Elemente der I. und II. Hauptgruppe werden auch *s-Elemente* genannt, da bei ihnen jeweils neu hinzukommende Elektronen in die *s*-Unterschale eingebaut werden (sie sind in der Periodentafel auf S. 62–63 rot unterlegt). Die Elemente der III.–VIII. Hauptgruppe heißen auch *p-Elemente* (blau unterlegt), weil bei ihren Atomen die neu hinzukommenden Elektronen in die *p*-Unterschale eingeordnet werden. Entsprechend nennt man die Nebengruppenelemente auch *d*-Elemente (grün unterlegt) und die Lanthanide und Actinide *f-Elemente* (gelb unterlegt).

Der mit zwei Elektronen besetzte 1*s*-Orbital bildet das Helium*duett*. Die mit zwei Elektronen besetzten *s*- und mit sechs Elektronen aufgefüllten *p*-Unterschalen bilden zusammen das *Edelgasoktett* (lat. octo – acht). Solche Elektronenkonfigurationen sind außerordentlich stabil. Man kann die zugehörigen Elektronen nicht mehr als „Außenelektronen" bezeichnen und findet daher für die VIII. Hauptgruppe auch die Benennung Nullte Hauptgruppe.

Die mit 10 Elektronen besetzte *d*-Unterschale ist ebenfalls stabil. Die Valenzsphäre (vgl. S. 59) der Atome der nachfolgenden *p*-Elemente enthält also nur noch Valenzelektronen („Außenelektronen") in der energiereichsten *s*- und *p*-Unterschale. Ist die *d*-Unterschale nicht voll – d. h. mit 10 Elektronen – besetzt, so gehört sie ebenfalls zur Valenzsphäre. Entsprechendes gilt für die nicht vollständig mit 14 Elektronen aufgefüllte *f*-Unterschale.

Nach der *Aufbauregel* würde man bei einigen *d*- und *f*-Elementen einen anderen Zustand erwarten, als er in der Periodentafel angegeben ist (z. B. erwartet man beim Chrom ($_{24}$Cr) die Elektronenkonfiguration [Ar] 3d^{4}4s^2), nämlich den *Regelzustand*. Der ermittelte *Grundzustand* (im Falle des Chroms: [Ar]3d^{5}4s^1) hat bei diesen Elementen offenbar einen geringeren Energieinhalt als der Regelzustand.

Man leitet den Grundzustand aus dem Regelzustand her, wobei man annimmt, daß ein Elektron aus der 4*s*-Unterschale

Aufbauregel
Ordnet man die chemischen Elemente nach zunehmender Ordnungszahl an, so stellt man fest, daß die Elektronenkonfiguration eines Atoms bei den Atomen des nachfolgenden Elements erhalten bleibt. Sie wird lediglich um ein weiteres Elektron ergänzt.

Regelzustand
Elektronenkonfiguration, die nach der Aufbauregel zu erwarten wäre.

in die $3d$-Unterschale überwechselt. Solch ein *s-d-Übergang* liegt auch beim Kupfer ($_{29}$Cu) vor. Bei den Kupferatomen wird dadurch die stabile d^{10}-Konfiguration, also die Vollbesetzung der d-Unterschale, erreicht. Bei den Atomen der beiden d-Elemente der 4. Periode, Chrom und Mangan, liegen *metastabile Zustände* vor.

Zu *d-f-Übergängen* kommt es bei einer ganzen Reihe von Atomen der Lanthanide und Actinide.

Die Auffüllung der verschiedenen Elektronenschalen erfolgt bei den Atomen der in der Periodentafel dargestellten Elemente gemäß der *Aufbauregel* (allerdings unter Einhaltung des jeweiligen Grundzustands) unter Berücksichtigung des *Pauliprinzips* (vgl. S. 51) und der *Hundschen Regel* (vgl. S. 56). Demzufolge ist die K-Schale beim Edelgas Helium ($_2$He) vollständig mit Elektronen besetzt. Dann wird mit der Besetzung der L-Schale begonnen, die beim Edelgas Neon ($_{10}$Ne) abgeschlossen ist. Danach wird die M-Schale begonnen, deren s- und p-Unterschalen beim Edelgas Argon ($_{18}$Ar) besetzt sind. Bevor die d-Unterschale der M-Schale besetzt wird ($_{21}$Sc bis $_{30}$Zn), wird mit der Besetzung der N-Schale begonnen ($_{19}$K und $_{20}$Ca), usw. (vgl. Periodentafel S. 62–63).

s-d-Übergang
Fallen bei den Atomen eines Elements Grund- und Regelzustand auseinander und wird der Grundzustand durch den Übergang eines (seltener zweier) Elektrons aus einem energiereicheren s- in den nächstenergieärmeren d-Orbital erreicht, spricht man von *s-d*-Übergang.
Entsprechend kann es bei den Atomen der Lanthanide zu *d-f-Übergängen* kommen.

Metastabiler Zustand
Die mit fünf Elektronen gleichen Spins halb besetzte d-Unterschale und ebenso die mit sieben Elektronen gleichen Spins halb besetzte f-Unterschale stellen energiearme Zustände dar, die begünstigt auftreten. Man nennt diese „energiearmen" Zustände metastabil.

TEIL II
Die chemische Bindung

Die chemischen Eigenschaften eines Stoffes werden durch den Aufbau der Elektronenhülle seiner Atome bestimmt, die im 6. und 7. Kapitel von Teil I näher erörtert wurde. Allerdings kommen nur wenige Atome, wie z. B. die Atome der *Edelgase*, frei, d. h. im ungebundenen Zustand vor. Die meisten Atome sind vielmehr an andere Atome gebunden. Die für die Bindung der Atome verantwortlichen Kräfte sind unterschiedlicher Natur und von Fall zu Fall verschieden.

1. Zur Theorie der chemischen Bindung

Alle chemischen Reaktionen beruhen auf der Neigung der Teilchen, aus denen die Stoffe aufgebaut sind, den niedrigstmöglichen Energiezustand anzunehmen und damit größtmögliche Stabilität zu erreichen. Die Edelgase weisen eine sehr stabile Elektronenanordnung in ihrer Atomhülle auf. Andere Atome wirken deshalb – selbst bei Energiezufuhr – nur sehr wenig auf Edelgase ein.

Das Oktettprinzip

Man nennt die stabile Anordnung der Elektronen in den Edelgasen *Edelgaskonfiguration* oder auch *Edelgasstruktur*. Das Edelgas mit der niedrigsten Ordnungszahl, das Helium, $_2$He, enthält in der einzig besetzten K-Schale zwei $2s$-Elektronen. Die anderen Edelgase besitzen alle zwei s- und sechs p-Elektronen in ihrer jeweils äußeren Schale, weshalb man von *Achter-Schale* oder dem *Oktettprinzip* spricht (vgl. Abb. S. 83).
Die Atome der übrigen Elemente haben andere Elektronenanordnungen und neigen dazu, durch chemische Reaktionen

66

Edelgase, Edelgasstruktur

In der Natur kommt eine Gruppe chemischer Elemente vor, die aufgrund einer besonders stabilen Elektronenanordnung nur in beschränktem Maße fähig sind, chemische Verbindungen einzugehen. Man nennt sie »Edelgase«. Ihre stabile Elektronenanordnung, die »Edelgaskonfiguration« oder »Edelgasstruktur«, besteht aus 8 Elektronen auf der äußersten Elektronenschale. Eine Ausnahme macht das Helium, das nur 2 Elektronen besitzt, weil die innerste Schale nicht mehr als 2 Elektronen aufnehmen kann. Die Edelgase kommen in der Atmosphäre der Erde vor.

Auf dieser Seite sind die ersten vier Edelgase in der Reihenfolge zunehmender Ordnungszahl dargestellt. Die Elektronenanordnung ist sehr vereinfacht auf zweierlei Art gekennzeichnet: Die rote Farbe soll die Elektronenschale um den Atomkern darstellen. Die Wahrscheinlichkeit, an einem bestimmten Ort ein Elektron anzutreffen, ist durch die Intensität der roten Farbe an dieser Stelle wiedergegeben. Um die Bewegung der Elektronen zu verdeutlichen, sind sie als Teilchen dargestellt, die auf bestimmten Bahnen um den Kern kreisen. Das chemische Verhalten eines Elements wird im allgemeinen durch seine äußerste Elektronenschale bestimmt. Daher sind deren Elektronen besonders hervorgehoben.

Je mehr Elektronenschalen ein Atom aufweist, desto mehr verengen sich die inneren Schalen, wie man den gestrichelten Linien entnehmen kann. Die Kernladung nimmt mit der Anzahl der Protonen zu, die ihrerseits im gleichen Maße wie die Anzahl der Elektronen anwächst. Die Kernladung beeinflußt hauptsächlich die inneren Elektronenschalen; die äußere wird durch die inneren Schalen weitgehend abgeschirmt.

10 nm

Der Maßstab ist nunmehr überall in Nanometer (nm) angegeben, wobei die obige Strecke 10 nm, das ist ein Zehnmillionstel mm, entspricht.

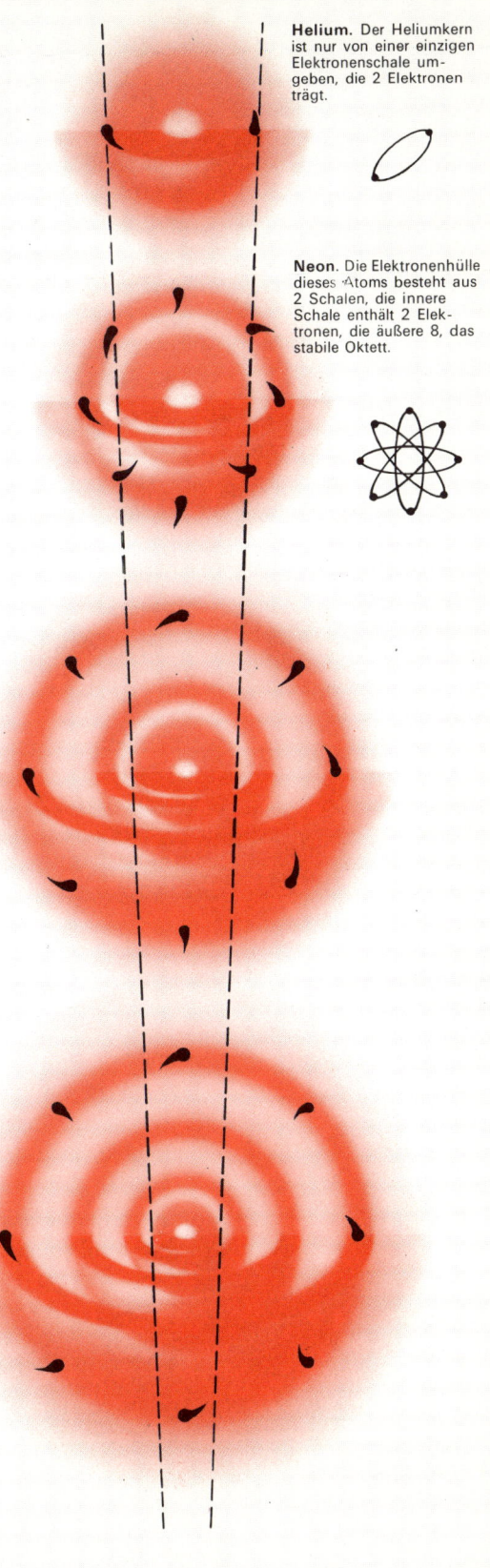

Helium. Der Heliumkern ist nur von einer einzigen Elektronenschale umgeben, die 2 Elektronen trägt.

Neon. Die Elektronenhülle dieses Atoms besteht aus 2 Schalen, die innere Schale enthält 2 Elektronen, die äußere 8, das stabile Oktett.

Argon. Das Argonatom besitzt 3 Elektronenschalen. Die inneren Schalen sind mit der gleichen Anzahl von Elektronen besetzt wie die des Neons; die äußere enthält ein stabiles Oktett. In der Luft ist etwa 1 Volumenprozent Argon enthalten.

Krypton. Das Kryptonatom besitzt 4 Elektronenschalen. Die äußere Schale ist mit einem stabilen Oktett besetzt.

Veränderungen in ihrer Atomhülle hervorzurufen, und zwar dergestalt, daß sie Edelgaskonfiguration erlangen bzw. dem Oktettprinzip genügen (vgl. oben).

Hat ein Atom mittels einer chemischen Bindung die Edelgaskonfiguration erreicht, so ist das entstandene Teilchen im allgemeinen sehr stabil. Es gibt jedoch noch eine Reihe weiterer stabiler Elektronenanordnungen, die von jenen Atomen angestrebt und erreicht werden, die nicht zur Edelgaskonfiguration gelangen können. Man spricht dann von *quasistabilen Elektronenkonfigurationen*.

Ionen und komplexe Teilchen (vgl. S. 82 u. 93) mit quasistabilen Elektronenanordnungen werden besonders von den Nebengruppenelementen (Übergangsmetallen) und den chemischen Elementen der Hauptgruppen IIIa bis Va des Periodensystems gebildet.

Die Atome der Metalle der II. Nebengruppe besitzen auf der zweitäußersten Elektronenschale 18 Elektronen, die sich auf drei verschiedene Energieunterniveaus verteilen: 2 auf das s-, 6 auf das p- und 10 auf das d-Niveau. Die Elemente der Nebengruppe IIb besitzen außerdem 2 s-Elektronen auf der äußersten Schale, die leicht abgegeben werden können. Das zweifach positiv geladene Ion, das sich durch Abgabe dieser Elektronen bilden kann, besitzt dann auf seiner äußeren Schale eine stabile Elektronenanordnung mit 18 Elektronen, die sog. *18er-Schale*.

In jeder der Gruppen IIIa bis Va können die drei Elemente mit der höchsten Ordnungszahl Atome mit einer 18er-Schale erreichen. Sie haben aber außerdem die Möglichkeit, eine andere stabile Elektronenanordnung, den *Zustand mit (18 + 2) Außenelektronen*, aufzubauen: Auf der äußersten Schale befinden sich zwei und auf der zweitäußersten 18 Elektronen. Die beiden Elektronen auf dem s-Niveau werden auch als *träges Paar* bezeichnet.

Bei den Elementen, deren Atome eine äußere Schale mit 18 und den Zustand mit (18 + 2) Außenelektronen bilden können, wird die letzte Anordnung mit steigender Ordnungszahl immer häufiger. Für Wismut (Bi) ist z.B. der Zustand mit (18 + 2) Außenelektronen die einzige stabile Anordnung.

Übersicht über die einfachen chemischen Bindungsarten

Die Stabilisierung der Atome der Nicht-Edelgaselemente erfolgt prinzipiell auf drei Arten:

68

1. Atome schließen sich zusammen und haben *gemeinsam* an *bindenden Elektronenpaaren* teil. Dieser Fall ist bei der Atombindung und ihren Grenzfällen verwirklicht.

2. Ein Atom gibt entweder die (im Vergleich zur Edelgaskonfiguration) überzähligen Elektronen ab oder nimmt zur Ergänzung (zur Erreichung der Edelgaskonfiguration) Elektronen auf und bildet somit ein geladenes Teilchen *(Ion)*. Elemente, deren Atome ein oder zwei Außenelektronen zur stabilen Edelgaskonfiguration fehlen, können Elektronen aufnehmen. Die Atome bilden dann negativ geladene Ionen mit Edelgasstruktur. Entsprechend können Atome von Elementen, die 1–3 Außenelektronen zu viel aufweisen, diese abgeben, um Edelgaskonfiguration zu erreichen. Sie bilden dann positiv geladene Ionen.

3. Alle Atome geben ihre (oder einen Teil ihrer) überzähligen Elektronen ab, und die so entstandenen positiven „Atomrümpfe" halten sich im „Gas" der Außenelektronen auf. Dieser Fall wird bei der „*metallischen Bindung*" verwirklicht.

2. Die Atombindung

Zwei oder mehrere miteinander verknüpfte Atome bilden ein *Molekül*, in dem starke Bindungskräfte wirksam sind. Zwischen einzelnen Molekülen wirken hingegen sehr viel schwächere Kräfte.

So setzt sich ein Wassermolekül aus zwei Wasserstoffatomen und einem Sauerstoffatom zusammen.

Zwischen den Molekülen wirkt eine Anziehungskraft, die verhindert, daß sich die Moleküle beliebig weit voneinander entfernen. Erhöht man die Temperatur, so wird die thermische Bewegung, die die Moleküle ausführen, heftiger. Das Wasser verdampft schließlich, wenn die Anziehungskraft zwischen den Molekülen von der thermischen Bewegung überwunden wird. Werden die Abstände zwischen den Molekülen größer, wie in der Gasphase, so nimmt die Anziehungskraft ab. Die Atome innerhalb des Moleküls sind indessen weiterhin gebunden. Um das Molekül zu spalten, ist eine hohe Energiezufuhr (z.B. starke Temperaturerhöhung) nötig.

Es gibt mehrere Arten von Bindungskräften. Die einzelnen Typen kommen allerdings in reiner Form selten vor. Man kann vielmehr alle chemischen Bindungsarten als Grenzfälle einer einzigen Bindungsart ansehen, nämlich als Grenzfälle der *Atombindung* (= kovalente Bindung).

Die MO- und die VB-Theorie

Die beiden wesentlichsten Hypothesen, die zur Beschreibung des Molekülaufbaus im allgemeinen angewendet werden, sind die *MO-Theorie* (*M*olekül*o*rbital-Theorie) und die *VB-Theorie* (*V*alenz*b*indungs-Theorie).

Die MO-Hypothese betrachtet alle Elektronen eines Moleküls als zu einem *einheitlichen Elektronensystem* gehörig. Die Bestandteile der Einzelatome sind gleichsam im Molekül „aufgegangen". Dagegen werden nach der VB-Hypothese die Moleküle als aus Einzelatomen zusammengesetzt betrachtet, die trotz ihrer chemischen Bindung ihre Individualität beibehalten. Die MO-Methode ist die jüngere und mathematisch einfachere, weshalb wir sie im Folgenden vertreten.

Eine kovalente Bindung zwischen Atomen kommt dann zustande, wenn mindestens zwei *Atomorbitale (AO)* mindestens zweier Atome „überlappen". Ein solcher Orbital wird als *Molekülorbital (MO)* bezeichnet. Molekülorbitale sind im allgemeinen mit einem Elektronenpaar „besetzt."

Die Überlappung der $1s$-Orbitale zweier Wasserstoffatome kann man sich anschaulich so vorstellen:

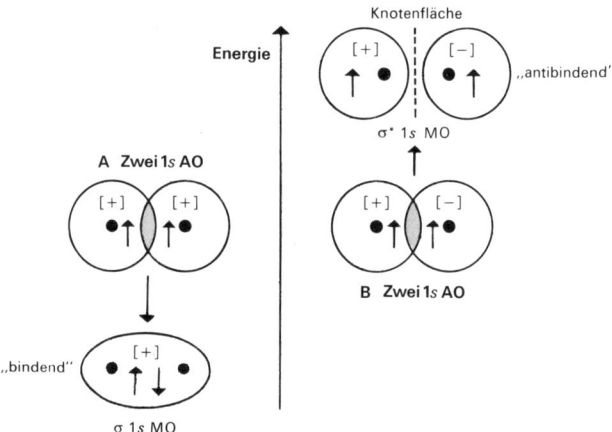

Mit zunehmender Annäherung der beiden Atomkerne (Fall A und B) treten die AO in immer stärkere Wechselwirkung miteinander. Die nachfolgende Bindung ist um so fester, je

70

stärker sich die AO gegenseitig durchdringen; d. h. je stärker jeder Atomkern in den Orbital des anderen Atoms „eintaucht".

Die Elektronen geraten dabei unter die Wirkung beider Atomkerne, falls ein *bindender* MO entsteht. Die negative Ladungsdichte (Aufenthalts- bzw. Antreffwahrscheinlichkeit) des Elektronenpaares ist dann zwischen den beiden Kernen des entstandenen Moleküls maximal. Beide Elektronen weisen antiparallelen Spin auf.

Die Anziehungskräfte zwischen dem Gebiet hoher negativer Ladungsdichte und den Atomkernen (positive Ladung!) bewirken u. a. den Zusammenhalt des Moleküls.

Mathematisch betrachtet, können die Wellenfunktionen der sich überlappenden AO gleiches (Fall A) oder auch entgegengesetztes Vorzeichen (Fall B) haben. Die Skizze auf S. 70 zeigt, daß sich überlagernde Orbitale mit gleichartigem Vorzeichen „verstärken", d. h. eine Bindung bewirken können (σ). Zwischen Orbitalen mit unterschiedlichen Vorzeichen kommt hingegen keine Überlappung zustande. Eine Bindung ist somit nicht möglich (σ^*).

Für die Atome der verschiedenen Elemente hat man zur Darstellung der Bildung von Molekülen eine besondere Elektronenschreibweise entworfen.

Beispiel:

H ·	+	· H	→	H:H bzw. H−H
1 Wasserstoff-atom	+	1 Wasserstoff-atom	ergibt	1 Wasserstoff-molekül

H:H ist die „*Elektronenformel*" für das Wasserstoffmolekül, während man mit H − H die „*Valenzstrichschreibweise*" wiedergibt. In beiden Fällen bedeuten : bzw. − ein Elektronenpaar im MO.

Der Energiebetrag, der frei wird, wenn sich Atome in der genannten Weise zu Molekülen vereinigen, wird *Bindungsenergie* genannt. Die Zahlenwerte für die Bindungsenergien zwischen zwei Atomen liegen bei 3 bis 5 eV (Elektronenvolt). Die Art der Bindung nennt man *Atombindung* oder *kovalente Bindung*.

Auch zwei mit je einem Elektron besetzte *p*-Orbitale zweier Atome erreichen einen energieärmeren und damit stabileren Zustand, wenn sie sich zu einem MO überlappen. Dieser MO weist eine erheblich stärkere räumliche Ausdehnung (und damit auch eine größere Elektronendichte) zwischen den beiden

Atomkernen auf als jeweils rechts und links der Atomkerne. Im folgenden betrachten wir nur noch die bindenden Zustände:

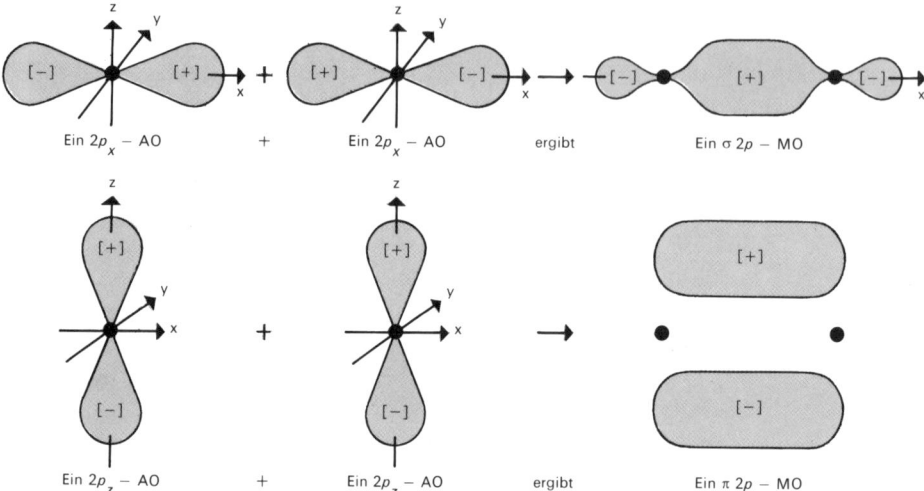

Fluoratome besitzen die Elektronenformel $_9F\ 1s^2\,2s^2\,2p^5$. Sie weisen also neben zwei doppelt besetzten $2p$-Orbitalen noch einen einfach besetzten auf. Nähern sich zwei Fluoratome, so kann es durch Überlappung dieser einfach besetzten $2p$-AO zur Ausbildung eines Fluormoleküls kommen:

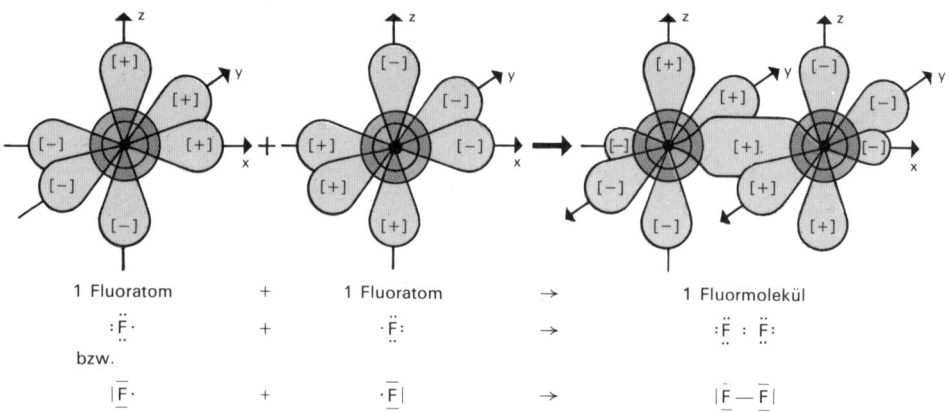

Hybridisierungen

Bei der Ausbildung von MO können nicht nur gleichartige Orbitale (z. B. zwei s- oder zwei p-Orbitale) überlappen; es ist vielmehr auch eine Überlappung verschiedenartiger Orbi-

72

tale möglich (z. B. Überlappung von s-, p- und d-Orbitalen). Die daraus hervorgehenden Mischorbitale werden auch *Hybridorbitale* genannt. Will man die Hybridorbitale eines Atoms aus gewöhnlichen Orbitalen ableiten, so sind folgende drei Regeln zu beachten:

1. Die Anzahl der Hybridorbitale setzt sich additiv aus der Anzahl der gewöhnlichen Orbitale zusammen. Z. B. entstehen aus einem s- und drei p-Orbitalen vier (also 1 + 3) Hybridorbitale. Diese Regel wird gelegentlich als „*Gesetz von der Konstanz der Orbitale*" bezeichnet.

2. Hybridorbitale stoßen sich maximal ab (z. B. ordnen sich zwei sp-Hybridorbitale im Winkel von 180° an).

3. Die Gestalt der Hybridorbitale läßt sich aus der Gestalt der nichthybridisierten Orbitale ableiten, indem man deren Schwingungsphasen (vgl. S. 58) linear kombiniert ([+]-Phase plus [+]-Phase ergibt Verstärkung; [+]-Phase plus [−]-Phase ergibt Abschwächung).

Beispiel:

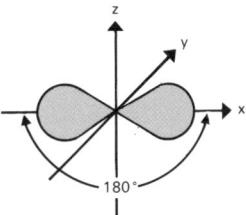

Das Hybridisierungsprodukt eines s- und eines p-Orbitals führt zu zwei sp-Hybridorbitalen

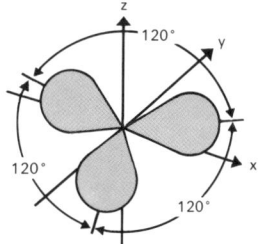

Drei sp² (sprich: es-pe-zwei)-Hybridorbitale sind das Verschmelzungsprodukt eines s- und zweier p-Orbitale

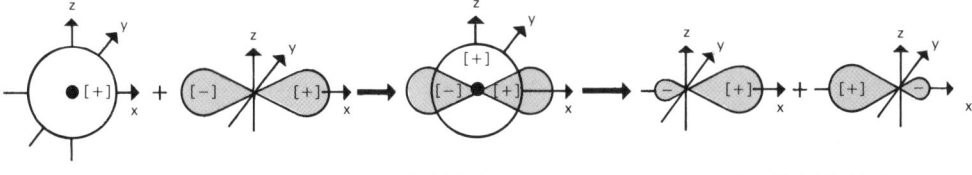

Ein s-AO und ein p-Orbital hybridisieren zu zwei sp-Hybridorbitalen

Man muß sich vorstellen, daß sich beide sp-Hybridorbitale in folgender Weise überlagern:

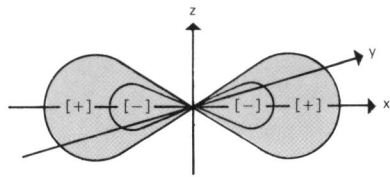

Nebenstehend sind Beispiele weiterer Hybridisierungen skizziert:
– das Hybridisierungsprodukt eines s- und eines p-Orbitals;
– das Hybridisierungsprodukt eines s- mit zwei p-Orbitalen;
– das Hybridisierungsprodukt eines s- mit drei p-Orbitalen.
Aus Gründen der besseren Übersichtlichkeit wurde auf die Darstellung der in [−]-Phase befindlichen Orbitalteile verzichtet.

Ein s- und drei p-Orbitale überlagern sich zu vier sp³-Hybridorbitalen

73

Ein 2*sp*-MO entsteht z. B., wenn sich Fluor- und Wasserstoffatome kovalent binden:

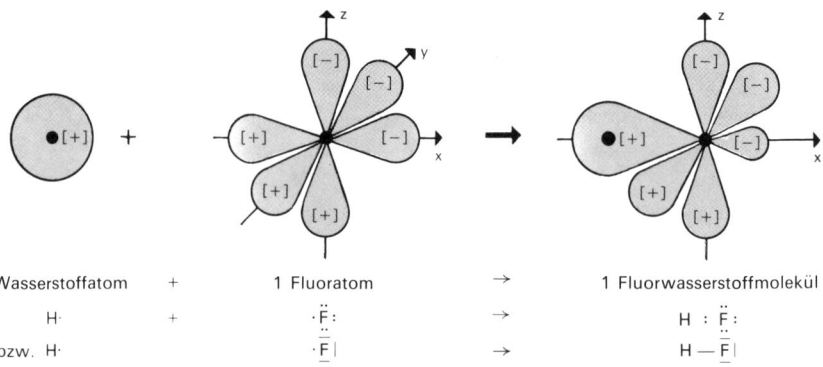

1 Wasserstoffatom	+	1 Fluoratom	→	1 Fluorwasserstoffmolekül
H·	+	·F̈:	→	H : F̈ :
bzw. H·		·F̶		H — F̶

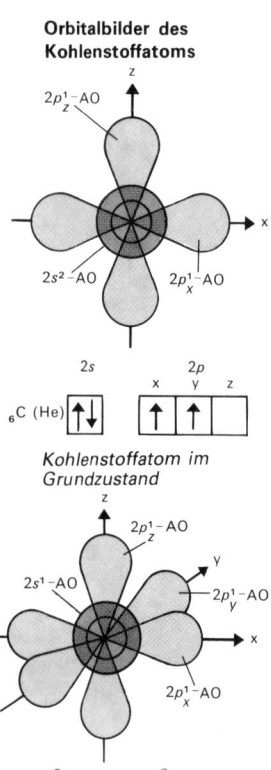

Orbitalbilder des Kohlenstoffatoms

2*p*$_z^1$-AO

2*s*²-AO   2*p*$_x^1$-AO

	2*s*	2*p*		
		x	y	z
₆C (He)	↑↓	↑	↑	

Kohlenstoffatom im Grundzustand

2*p*$_z^1$-AO

2*s*¹-AO

2*p*$_y^1$-AO

2*p*$_x^1$-AO

	2*s*	2*p*		
		x	y	z
₆C*(He)	↑	↑	↑	↑

*Kohlenstoffatom im an-
geregten Zustand*
Übergang eines Elektrons
aus dem doppelt besetzten
2*s*-AO in einen leeren 2*p*-
AO.

In den obigen Abbildungen wurde aus Gründen der besseren
Übersichtlichkeit auf die Darstellung der *s*-Orbitale beim
Fluoratom und Fluorwasserstoffmolekül verzichtet.
Speziell beim bindungsbereiten Beryllium-, Bor- und Kohlenstoffatom spielen Hybridisierungen in der Art, wie sie
oben dargestellt sind, eine außerordentlich wichtige Rolle. Sie
werden im folgenden Abschnitt ausführlicher behandelt.

Mehrfachbindungen

Das nebenstehende Bild zeigt das Orbitalbild und die *Pauling*sche Kästchenschreibweise eines Kohlenstoffatoms im
Grundzustand. Ein solches Kohlenstoffatom könnte theoretisch mit zwei Wasserstoffatomen zu einem CH_2-Molekül
reagieren. Experimentelle Untersuchungen ergeben jedoch,
daß ein solches CH_2-Molekül unstabil ist. Existent ist hingegen ein CH_4-Molekül, welches – wie spektroskopische
(vgl. S. 110f) und andere Analysen ergeben haben – offen-
sichtlich Tetraedergestalt aufweist.
Man stellt sich vor, daß das Kohlenstoffatom unter Aufnahme
von Energie in einen *angeregten Zustand* (C*) übergeht, bevor seine AO mit den AO weiterer Atome überlappen. Das
Orbitalbild und die *Pauling*sche Kästchenschreibweise eines
Kohlenstoffatoms im angeregten Zustand findet man neben
diesem Text. Die Bildung eines CH_4-Moleküls wäre so erklärbar. Aber das Methanmolekül (CH_4) ist tetraedrisch gebaut. Diese Struktur kann aus dem Orbitalbild des C*-Atoms
nicht abgeleitet werden.

74

Berechnungen von *Pauling* ergaben, daß durch lineare Kombination *(Hybridisierung)* eines s- und dreier p-Orbitale vier *sp³*-Hybridorbitale resultieren, die Tetraederkonfiguration aufweisen (Abb. rechts). Ein *sp³*-hybridisiertes Kohlenstoffatom kann mit vier Wasserstoffatomen zu einem Methanmolekül (CH_4) reagieren. In der folgenden Abbildung stellen wir den Zustand des Reagierens dar. Vier Wasserstoffatome überlappen mit ihren einfach besetzten kugelförmigen s-Orbitalen mit den vier *sp³*-Hybridorbitalen eines Kohlenstoffatoms:

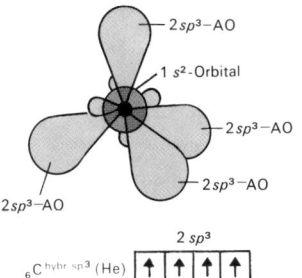

Kohlenstoffatom im
sp³-Hybridzustand

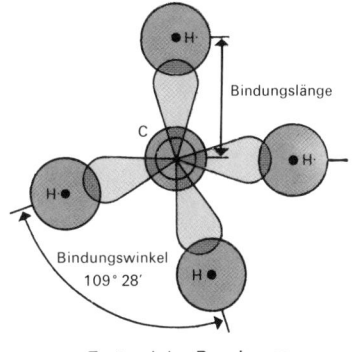

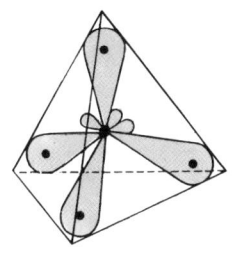

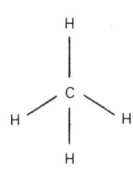

Zustand des Reagierens

Orbitalgestalt
des Methanmoleküls

Strukturformel
des Methanmoleküls

sp³-hybridisierte Kohlenstoffatome liegen auch bei den Molekülen folgender Kohlenwasserstoffe vor:

Äthan

Propan

Cyclopentan

Da bei diesen Molekülen zwischen zwei Kohlenstoffatomen nur jeweils ein MO ausgebildet ist, spricht man bei dieser Art der Atombindung von *Einfachbindung.*
Stellt man sich vor, daß alle Wasserstoffatome des Methanmoleküls durch *sp³*-hybridisierte Kohlenstoffatome ersetzt sind und sich diese mit weiteren C-*sp³*-Hybriden kovalent binden, so gelangt man zu einem dreidimensionalen Tetraedernetzwerk, wie es elementarer Kohlenstoff aufweist, wenn er als Diamant vorliegt. In der nebenstehenden Abb., die einen Ausschnitt aus einem Diamantgitter darstellt, sind die Kohlenstoffatome als Punkte symbolisiert.

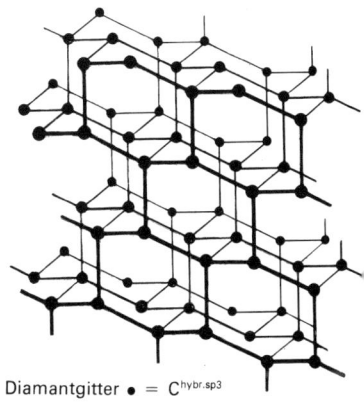

Diamantgitter • = C^hybr.sp3

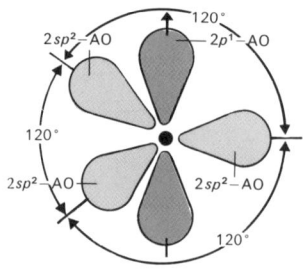

$_6C^{\text{hybr. }sp^2}$ (He)

Kohlenstoffatom im
sp^2-Hybridzustand

Neben dem sp^3-hybridisierten Kohlenstoffatom kennt man das sp^2-hybridisierte Kohlenstoffatom. Die drei sp^2-Hybridorbitale liegen auf einer Ebene und schließen miteinander einen Winkel von 120° ein. Senkrecht dazu steht ein p-Orbital, der nicht in den Hybridisierungsprozeß einbezogen wird.

Das unten dargestellte Äthen-(Äthylen-)molekül, C_2H_4, entsteht, wenn sich zwei sp^2-hybridisierte Kohlenstoffatome kovalent binden und mit insgesamt vier Wasserstoffatomen eine Atombindung eingehen. Je ein sp^2-Hybridorbital jedes Kohlenstoffatoms überlappt zu einem σ-MO (σ-Bindung). Die insgesamt zwei p-Orbitale der beiden Kohlenstoffatome überlappen zu einem π-MO (π-Bindung).

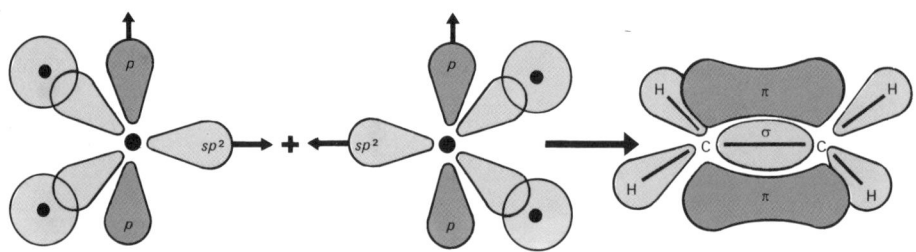

Zwei sp^2-hybridisierte C-Atome, von denen jedes gerade mit den s-Orbitalen zweier Wasserstoffatome überlappt

Äthenmolekül, C_2H_4

Viele Reaktionen des Äthenmoleküls und anderer Moleküle mit σπ-Bindungen werden erst verständlich, wenn man sich vorstellt, daß eine σπ-Hybridisierung der beiden MO zwischen den beiden Kohlenstoffatomen zu zwei bananenförmigen τ-MO stattfindet. Von dieser Konfiguration leitet sich auch die Strukturformel des Äthens und weiterer Kohlenwasserstoffe mit Doppelbindungen ab.

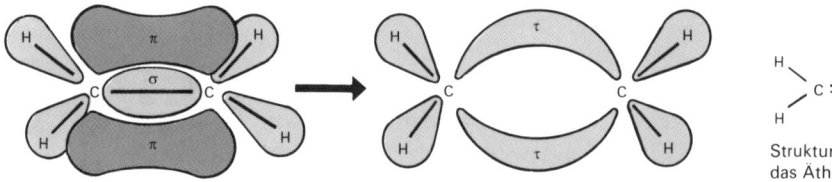

Strukturformel für
das Äthenmolekül

Da bei diesem Hybridisierungszustand zwei MO zwischen den beiden Kohlenstoffatomen ausgebildet sind, spricht man von einer Doppelbindung.

Durch lineare Kombination des 2s- mit nur einem der drei 2p-AO ergibt sich das sp-hybridisierte Kohlenstoffatom mit zwei sp-Hybridorbitalen längs der x-Achse und je einem $2p$-AO längs der y- und längs der z-Achse.

Um die räumliche Struktur des Äthin-(Acetylen-)moleküls, C_2H_2, abzuleiten, geht man von zwei sp-hybridisierten Kohlenstoffatomen aus, die mit insgesamt zwei Wasserstoffatomen reagieren und zwischen sich eine σ-Bindung ausbilden. Die beiden AO längs der y- und längs der z-Achse vereinigen sich dabei zu insgesamt zwei π-MO. σπ-*Hybridisierung* der insgesamt drei MO führt zu drei bananenförmigen τ-MO, von welchen sich die Strukturformel für das Äthin ableitet. Da sich bei diesem Hybridisierungszustand drei MO zwischen den beiden Kohlenstoffatomen ausbreiten, spricht man von einer *Dreifachbindung*.

Um die räumlichen Strukturen besser verdeutlichen zu können, verwenden wir beim Beispiel des Äthins stark stilisierte Orbitalgestalten:

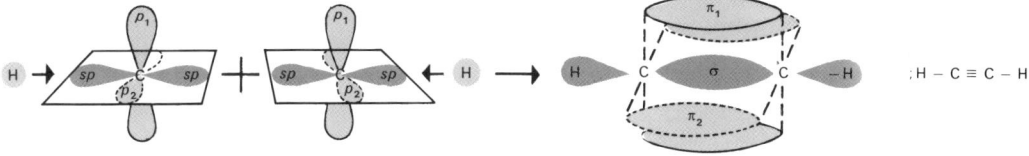

3. Grenzfälle der Atombindung

Resonanzhybridisierung und Konjugation

Wenn die Bindungen innerhalb eines Moleküls keine reinen Einfach-, Doppel- oder Dreifachbindungen sind, reicht die verwendete Formelsprache nicht aus, um die wirklichen strukturellen Verhältnisse in der Verbindung zu beschreiben. Oft wird die Struktur einer Verbindung unter Verwendung schreibbarer Formeln definiert. Man sagt z.B., daß der wirkliche Zustand der Verbindung ein *Resonanzhybrid* ist, der mit Hilfe von Strukturformeln, welche die fiktiven *mesomeren Grenzformen* der Verbindung beschreiben, dargestellt wird. Man nennt diese Erscheinung *Resonanz* oder *Mesomerie*. Ein Beispiel dafür ist das S. 78 skizzierte Molekül des Kohlendioxids. Man darf in solchen Fällen weder den Schluß ziehen, daß die Verbindung aus einer Mischung der Grenzstrukturen besteht noch daß sich die Struktur innerhalb der verschiedenen mesomeren Formen ändert.

Resonanz. Es ist nicht immer möglich, eine Formel anzuschreiben, die die wirkliche Struktur wiedergibt. Man umschreibt diese mittels mehrerer Formeln, die *mesomere Formen* darstellen, wobei die wirkliche Struktur ein *Resonanzhybrid* zwischen ihnen ist.

Einfachbindungen mit Doppelbindungscharakter lassen sich als Resonanzhybrid aus einer Einfach- und einer Doppelbindung beschreiben. Einfachbindungen mit ionischem Charakter sind Resonanzhybriden aus einer einfachen kovalenten und einer ionischen Bindung.

Die Struktur des Kohlendioxids wird mit drei verschiedenen Formeln beschrieben (1.–3.). Die den Formeln entsprechenden Strukturen sind dargestellt. Die dritte ist spiegelbildlich zur ersten. Die Bindungslänge ist in Nanometern angegeben.
Bei der wirklichen Struktur (4.) hat man gefunden, daß die beiden Sauerstoff-Kohlenstoff-Bindungen die gleiche Länge haben. Da sie weder Einfach-, Doppelnoch Dreifachbindungen entsprechen, trifft keine der Formeln (1.–3.) allein zu.

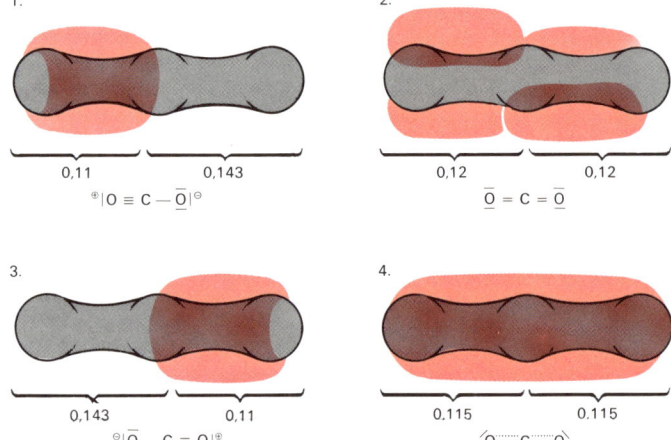

1.
0,11   0,143
$^{\oplus}|O \equiv C — \overline{O}|^{\ominus}$

2.
0,12   0,12
$\overline{O} = C = \overline{O}$

3.
0,143   0,11
$^{\ominus}|\overline{O} — C \equiv O|^{\oplus}$

4.
0,115   0,115
$\langle O \cdots C \cdots O \rangle$

Diese Strukturen nennt man *mesomer*. Die wirkliche Struktur liegt zwischen den drei mesomeren Grenzformen. Eine solche Verbindung heißt *Resonanzhybrid*.
Auch das Benzol ist ein Resonanzhybrid.
Schreibt man die klassische Strukturformel für das Benzol auf, so erkennt man, daß C=C-Doppelbindungen mit C−C-Einfachbindungen im Molekül abwechseln (alternieren). Man bezeichnet daher das Benzolmolekül als *System konjugierter Doppelbindungen*.
Da das Benzolmolekül aus sp^2-hybridisierten Kohlenstoffatomen hervorgeht, kann man sich das σπ-Modell des Moleküls so vorstellen:

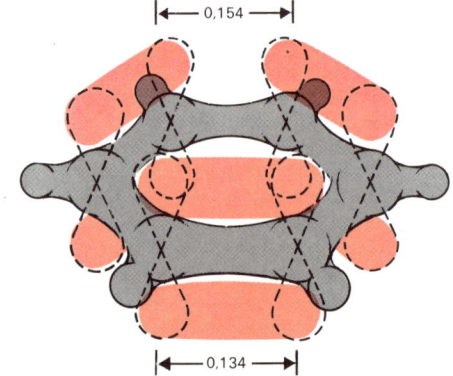

0,154

0,134

In Wirklichkeit jedoch sind sämtliche sechs Bindungen gleich lang (0,139 nm) und bestehen aus einer σ-Bindung und einem gewissen π-Bindungsanteil:

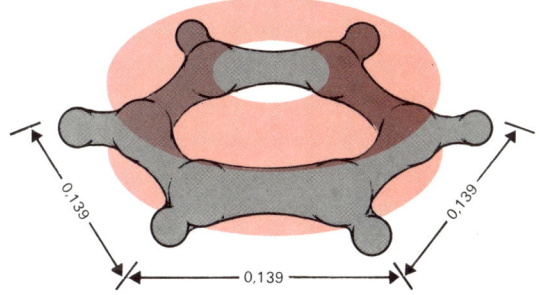

Man stellt sich vor, daß es zu einer Überlappung der π-MO kommt, wobei ein *Sechszentren-πMO-Ring* entsteht, der sich in zwei parallelen Ebenen erstreckt, zwischen denen die Kohlenstoffatome des Benzolmoleküls eingebettet sind. Nebenstehend finden Sie ein aus der vereinfachten Strukturformel entwickeltes Benzolsymbol, das diesen Tatsachen Rechnung trägt. Da die π-Elektronen jetzt keinem bestimmten Atom im Benzolmolekül mehr zuzuordnen sind, sagt man, sie seien *delokalisiert*.

Wenn die Atome eines Moleküls durch Einfach- und Doppelbindungen verknüpft sind, treten grundsätzlich *Resonanzhybride* auf. Es kann aber auch zur Ausbildung *mesomerer Formen* kommen, wenn ein Atom mit freien Valenzelektronen durch eine Einfachbindung von einer Doppelbindung getrennt ist. Entsprechende Verhältnisse finden sich bei Verbindungen vom Typ des Vinylchlorids (Monochloräthens), CH_2CHCl. Hier trägt ein Kohlenstoffatom eine Einfachbindung, eine Doppelbindung und ein Atom mit freien Elektronenpaaren. Die Wechselwirkung zwischen diesen freien Elektronen und den *p*-Elektronen der Kohlenstoffatome führt zu einem intramolekularen π-Orbital, das sich oberhalb und unterhalb der Ebene des Vinylchloridmoleküls erstreckt:

Benzol

Konjugation. Die Eigenschaften von Doppelbindungen verändern sich vollständig, wenn diese mit Einfachbindungen abwechseln, d. h., wenn sie *konjugiert* sind.

Benzol

Der Ring symbolisiert das delokalisierte π-Elektronensystem.

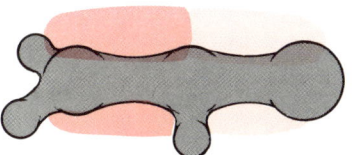

Vinylchlorid, Molekülgestalt

Vinylchlorid, Strukturformel

Stoffe, deren Moleküle sehr ausgedehnte Resonanzbedingungen aufweisen, leiten den elektrischen Strom und absorbieren Strahlung im Bereich des sichtbaren Lichts, d. h., sie sind farbig. Man kann sich z. B. das Graphit-Riesenmolekül aus vielen stockwerkartig aufgebauten Kohlenstoffringen vorstellen (vgl. S. 109), wie sie beim Benzolmolekül vorliegen. Gerade am Beispiel Graphit/Diamant wird deutlich, wie sehr die Anordnung der Atome – beide Verbindungen sind ausschließlich aus Kohlenstoffatomen aufgebaut – und die Elektronenverteilung im Molekül die chemischen und physikalischen Eigenschaften eines Stoffes bestimmen.

Die polare Atombindung

Bei Molekülen, die aus zwei oder mehreren Atomen ein und desselben chemischen Elements bestehen, wie z. B. Wasserstoff (H_2), üben die beiden Atomkerne auf die Elektronen in den MO dieselbe Anziehungskraft aus.

Die Moleküle der meisten Verbindungen bestehen jedoch aus verschiedenartigen Atomen. Man trifft daher andersartige Verhältnisse an. Bei ihnen üben die verschiedenen Atome unterschiedliche Anziehungskräfte auf die Elektronen in den MO aus. Daraus folgt eine asymmetrische Ladungsverteilung in den bindenden MO.

Um die Verschiebung der Bindungselektronen in einer Bindung zwischen Atomen verschiedener Elemente zu beschreiben, hat man den Begriff der *Elektronegativität* (EN) eingeführt.

Es wurden zwei Elektronegativitätsreihen aufgestellt, die nebeneinander verwendet werden. Wir geben hier die Werte an (vgl. auch im PSE S. 62–63), die der von den Chemikern am meisten verwendeten *Elektronegativitätsreihe nach Pauling* entsprechen. In dieser Reihe steht der Wasserstoff in der Mitte und trennt die Metalle von den Nichtmetallen. Die Nichtmetalle haben eine höhere Elektronegativität; Fluor ist das Element mit der höchsten Elektronegativität ($EN_F = 4$). Die Elektronegativitätswerte erlauben nur Abschätzungen; sie werden jedoch häufig verwendet, um eine Vorstellung über die Polarität einer Bindung zu gewinnen. Mit Hilfe der Elektronegativitätsreihe läßt sich auch der ionische Anteil (vgl. S. 82) einer Bindung zwischen zwei Atomen berechnen. Für einen Elektronegativitätsunterschied von 2,1 beträgt der ionische Anteil an der Bindung etwa 50%.

Elektropositiv und Elektronegativ. Elemente, deren Atome leicht Elektronen abgeben können und die dann bei der Elektrolyse zur Kathode wandern, werden als *elektropositive* Elemente bezeichnet. Im Gegensatz dazu werden Elemente, die leicht Elektronen aufnehmen und Anionen bilden, *elektronegative* Elemente genannt. Die elektropositivsten Elemente stehen im Periodensystem links unten, die elektronegativsten rechts oben (vgl. PSE, S. 62–63).

80

Der ionische Anteil der Bindung in Alkalihalogeniden steigt von 32% beim Lithiumjodid auf 91% beim Caesiumfluorid. Bei den Halogenwasserstoffen steigt der Anteil der Ionenbindung von 7% beim Jodwasserstoff auf 43% beim Fluorwasserstoff.

Man schätzt, daß bei den Metallfluoriden und vielen Metalloxiden der ionische Bindungsanteil mindestens 50% beträgt, und betrachtet sie deshalb im allgemeinen als ionische Verbindungen.

Ist die EN-Differenz der Bindungspartner Null oder sehr klein, liegt im allgemeinen eine nichtpolare Atombindung vor (vgl. nebenstehende Beispiele).

Bei größeren EN-Differenzen der Partner kommt es zur Ausprägung der *polaren Atombindung*. Die Polarität der kovalenten Bindung steigt dabei mit der EN-Differenz der Bindungspartner.

Im nebenstehenden Beispiel übt das Chloratom eine erheblich stärkere Anziehungskraft auf das bindende Elektronenpaar des MO aus als das Wasserstoffatom. Aus diesem Grunde liegt die größte Antreffwahrscheinlichkeit für die beiden Elektronen dieses MO nicht in der Mitte zwischen den beiden Zentren (Atomkernen), wie dies bei der unpolaren Atombindung der Fall ist. Die Elektronenverteilung im MO ist vielmehr asymmetrisch; d.h., die größte Antreffwahrscheinlichkeit für das gemeinsame Elektronenpaar ist in Richtung auf das Chloratom verschoben. Man sagt auch, die Bindung sei in Richtung auf das Atom mit der größeren EN polarisiert. Dadurch erhält das Chloratom einen Überschuß an negativer Ladung, was man durch das Zeichen $\delta-$ symbolisiert, während das mit $\delta+$ gekennzeichnete Wasserstoffatom positiv polarisiert ist. Es hat sich auch eingebürgert, das bindende Elektronenpaar durch einen Keil (◄) zu symbolisieren, dessen Spitze zum elektropositiven Bindungspartner und dessen stumpfer Teil zum elektronegativen Bindungspartner weist.

Die koordinative Bindung

Auf S. 70 haben wir erfahren, daß man sich das Zustandekommen eines MO durch Überlappen zweier einfach besetzter AO vorstellt. Es gibt aber eine Reihe von Molekülen – auf S. 82 am Beispiel des Bortrifluorid-Ammoniak-Koordinationskomplexes dargestellt –, bei denen die Elektronen des

Elektronegativität und Polarität

H — H

$EN_H = 2{,}1$
$EN\text{-Differenz} = 0$

$\overline{P}$ mit H, H, H

$EN_H = 2{,}1$
$EN_P = 2{,}1$
$EN\text{-Differenz} = 0$

C mit H, H, H, H

$EN_H = 2{,}1$
$EN_C = 2{,}5$
$EN\text{-Differenz} = 0{,}4$

$\delta+$ $\delta-$
H ◄ Cl

$EN_H = 2{,}1$
$EN_{Cl} = 3{,}0$
$EN\text{-Differenz} = 0{,}9$

81

beiden Atomen gemeinsamen MO (im Beispiel zwischen Stickstoff, N, und Bor, B) als Elektronenpaar von nur einem der AO beigesteuert werden.

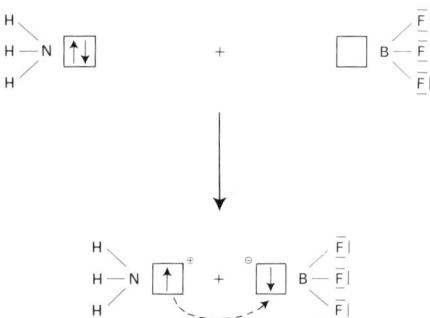

Donor- und Akzeptorfunktion

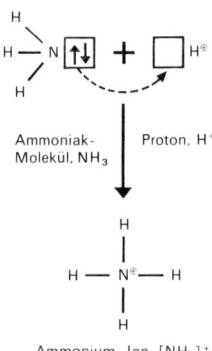

Ammoniak-Molekül, NH_3 | Proton, H^+

Ammonium-Ion. $[NH_4]^+$

Das die Elektronen liefernde Teilchen nennt man *Donator* oder einfach *Donor*. Man nimmt an, daß das das *Akzeptor-Teilchen*, welches die Elektronen aufnimmt, einen „Leerorbital" aufweist, mit dem der AO des Donor-Teilchens überlappen kann. Bei diesem Vorgang lädt sich das Atom des Donor-Teilchens, das das Elektronenpaar bereitstellt, positiv auf und das elektronaufnehmende Atom des Akzeptor-Teilchens wird negativ aufgeladen. Beide geladenen Teilchen werden nach der Ausbildung eines MO durch eine Atombindung zusammengehalten. Man sagt auch, sie seien koordiniert und spricht daher von einer *koordinativen Bindung*.

Auf diese Weise kommen auch die bekannten komplexen Ionen und Moleküle zustande (vgl. S. 93), wie das Chlorat-Ion $[ClO_3]^-$, das Carbonat-Ion $[CO_3]^{2-}$, das Sulfat-Ion $[SO_4]^{2-}$, das Permanganat-Ion $[MnO_4]^-$, das Ammonium-Ion $[NH_4]^+$ usw.

4. Die Bildung von Ionen

Ionen sind elektrisch geladene Teilchen, die durch Abgabe oder Aufnahme von Elektronen aus Atomen hervorgehen. Positiv geladene Ionen, *Kationen*, kommen dadurch zustande, daß die Atome elektropositiver Elemente (vgl. PSE,

S. 62–63) ihr(e) Außen- bzw. Valenzelektron(en) abgeben.
Gibt z. B. ein Natriumatom, Na·, sein Valenzelektron ab, so
geht es in ein Na$^+$-Ion über; ein Magnesiumatom, ·Mg·, geht
durch Abgabe der Valenzelektronen in ein Mg^{2+}-Ion über.
Auf diese Weise erreichen die Teilchen die stabile Edelgaskonfiguration (vgl. S. 66). Ebenso können die Atome stark
elektronegativer Elemente Elektronen aufnehmen, wobei
Anionen entstehen, z. B. $|\overline{Cl}· + e^- \rightarrow |\overline{Cl}|^-$; $·\overline{O}· + 2e^- \rightarrow |\overline{O}|^{2-}$,
wodurch ebenfalls dem *Oktettprinzip* Genüge getan wird
(vgl. auch Abb. S. 67).
Die Bildung von Ionen, z. B. bei der Reaktion zwischen Na-
trium und Chlor, kann man als extremen Grenzfall der polaren Atombindung (S. 80) auffassen. Dabei kommt es jedoch
nicht zur Ausbildung eines MO, vielmehr findet ein totaler
Elektronenübergang von einem auf das andere Teilchen
statt:

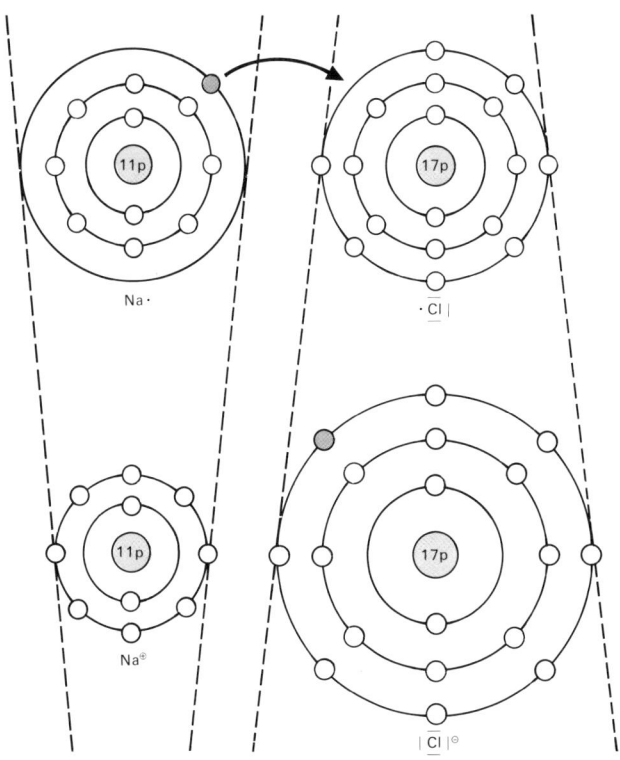

Die gestrichelten Linien deuten an, daß beim Übergang vom
Atom zum Ion eine Volumenänderung des Teilchens stattfindet. Durch Elektronenabgabe „schrumpft" der Teilchen-

durchmesser, weil die jetzt überschüssige Kernladung eine stärkere Anziehungskraft auf die Hülle ausübt. Werden Elektronen aufgenommen, so „quillt" die Hülle des Teilchens, weil die Kernladung überkompensiert wird. Die Volumenänderung vergrößert sich mit der Anzahl der abgegebenen oder aufgenommenen Elektronen.

Die Ladung der Ionen wird auch als *Ionenwertigkeit* bezeichnet. Zu ihrer Symbolisierung werden die Ladungen rechts oben neben dem Teilchensymbol angegeben:

Na^+ (einwertiges Ion)

Ca^{++} oder Ca^{2+} (zweiwertiges Ion)

Al^{+++} oder Al^{3+} (dreiwertiges Ion)

Cl^- (einwertiges Ion)

S^{--} oder S^{2-} (zweiwertiges Ion)

5. Bindende Kräfte zwischen Teilchen

Wechselwirkungen zwischen Ionen

Die elektrostatische Anziehungskraft zwischen den positiv und negativ geladenen Ionen erfolgt nach dem *Coulomb*schen Gesetz (vgl. S. 28). Diese Kräfte wirken nach allen Seiten des Raumes gleichmäßig. Sie bewirken, daß die Ionen verschiedener Ladung ein festes Raumgitter bevorzugen. Ionenverbindungen weisen daher einen *relativ hohen Schmelzpunkt* auf und sind bei Zimmertemperatur durchweg kristallin. Ein Gleichgewicht entgegengesetzt gerichteter Kräfte hält dabei die Ionen an bestimmten *Gitterplätzen* (vgl. S. 103f).

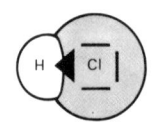

Kalottenmodell für das Chlorwasserstoffmolekül

Dipol-Dipol-Wechselwirkungen

Wir haben bereits das Chlorwasserstoffmolekül (vgl. S. 81) als Beispiel für ein Molekül aus Atomen unterschiedlicher Elektronegativität kennengelernt. Ein Molekül mit einem positiven und einem negativen Pol, wie es das Chlorwasserstoffmolekül z.B. darstellt, nennt man Dipolmolekül oder kürzer *Dipol* (vgl. Abb. links). Dipolmoleküle richten sich im elektrischen Feld aus (z.B. wenn man sie zwischen entgegengesetzt geladene Pole bringt).

Ausrichtung von Chlorwasserstoff-Dipolen im elektrischen Feld

84

Mehrwertige Ionen-
Quasistabile Elektronenschale

Einige Atome können die Edelgaskonfiguration nicht erreichen, weil der Energieaufwand, der dazu nötig ist, größer ist als der Energiegewinn, der aus einer derartigen Stabilisierung der Elektronenanordnung resultiert. Es gibt aber andere quasistabile Elektronenanordnungen. Zwei Beispiele dafür sind hier gegeben.

Gibt ein Zinkatom zwei Elektronen ab (rechts), so geht es in ein zweifach positiv geladenes Zinkion über. Die äußere Elektronenschale des Ions weist nun eine stabile Anordnung mit 18 Elektronen auf. Das Periodensystem zeigt den Bereich der Metalle, die, wie das Zink, Ionen mit 18 Außenelektronen bilden. Ionen mit einer vierfach positiven Ladung sind sehr instabil, weil der Ladungsunterschied zwischen Kern und Elektronenhülle zu hoch ist. Palladium besitzt in seiner elementaren Form eine Außenschale, die mit 18 Elektronen besetzt ist. Daher ist es auch ein chemisch schwer angreifbares Edelmetall.

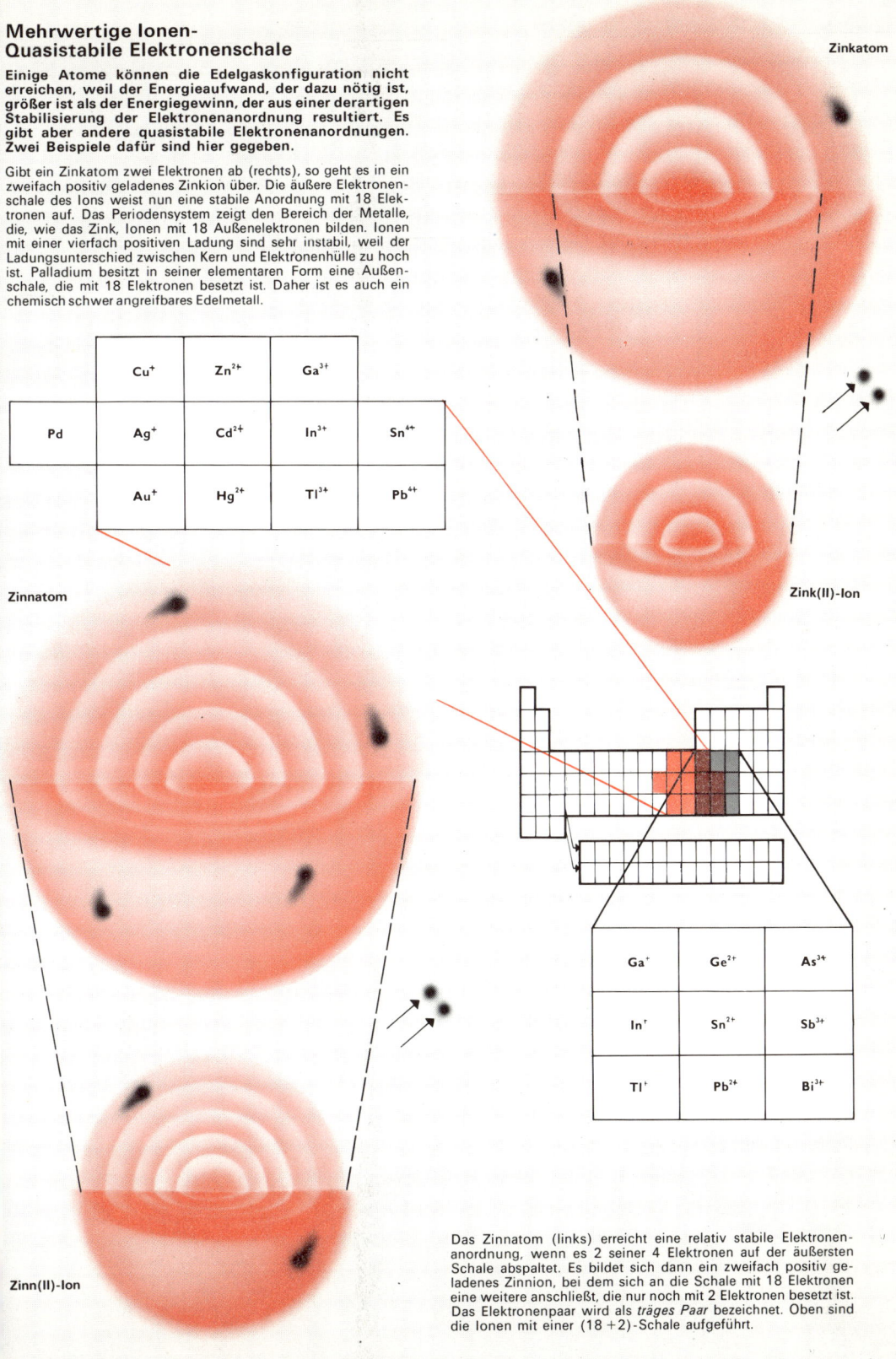

Zinkatom

Zink(II)-Ion

Zinnatom

Zinn(II)-Ion

Pd	Cu$^+$	Zn^{2+}	Ga^{3+}	
	Ag$^+$	Cd^{2+}	In^{3+}	Sn^{4+}
	Au$^+$	Hg^{2+}	Tl^{3+}	Pb^{4+}

Ga$^+$	Ge^{2+}	As^{3+}
In$^+$	Sn^{2+}	Sb^{3+}
Tl$^+$	Pb^{2+}	Bi^{3+}

Das Zinnatom (links) erreicht eine relativ stabile Elektronenanordnung, wenn es 2 seiner 4 Elektronen auf der äußersten Schale abspaltet. Es bildet sich dann ein zweifach positiv geladenes Zinnion, bei dem sich an die Schale mit 18 Elektronen eine weitere anschließt, die nur noch mit 2 Elektronen besetzt ist. Das Elektronenpaar wird als *träges Paar* bezeichnet. Oben sind die Ionen mit einer (18 + 2)-Schale aufgeführt.

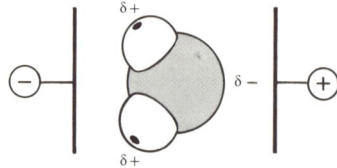

Wasserdipol im elektrischen Feld (Kalottenmodell)

Ammoniak-Dipol im elektrischen Feld (Kalottenmodell)

Eine entsprechende Ausrichtung erfahren auch die Dipolmoleküle des Wassers (H_2O) und des Ammoniaks (NH_3). Das Kohlendioxidmolekül (CO_2) stellt keinen Dipol dar, obwohl zwischen Kohlenstoff- und Sauerstoffatom eine größere EN-Differenz besteht. Der Grund ist darin zu suchen, daß das Kohlendioxidmolekül einen gestreckten Bau (vgl. Abb. S. 78) und damit eine symmetrische Ladungsverteilung besitzt. Auch das tetraedrische Tetrachlormethanmolekül (CCl_4) erweist sich trotz bestehender EN-Differenz allein aufgrund des symmetrischen Baus nicht als Dipol. Dipolmoleküle beeinflussen sich gegenseitig, indem die positiv (negativ) polarisierten Enden des Moleküls mit den negativ (positiv) polarisierten Enden des Nachbarmoleküls in Wechselwirkung treten.

Wasserstoffbrücken

Wasserstoffbrücken (Wasserstoffbrückenbindung, Wasserstoffbindung) liegen bei Molekülen der Wasserstoffverbindungen stark elektronegativer Elemente vor (z.B. beim Chlorwasserstoff, HCl; Wasser, H_2O; Ammoniak, NH_3). Sie bedingen eine über die Dipol-Dipol-Wechselwirkung hin-

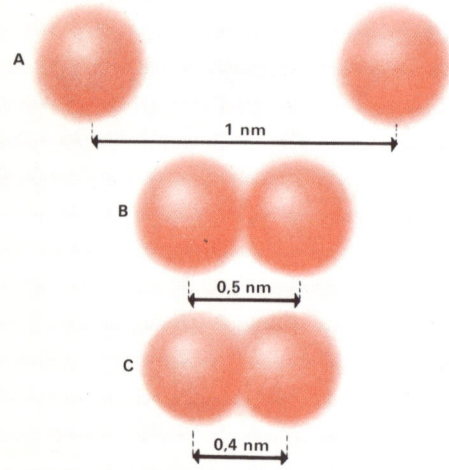

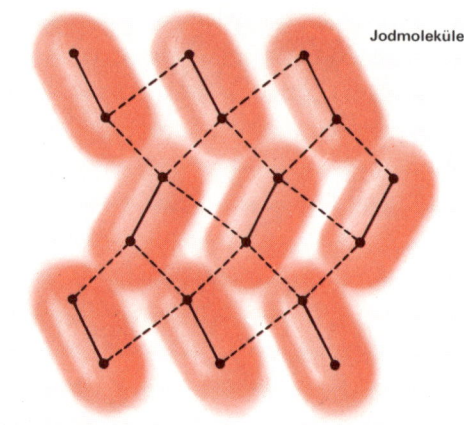

Jodmoleküle

Van der Waalssche Kräfte

Neigt ein Atom oder Molekül nicht dazu, Bindungen einzugehen oder andere Atome oder Moleküle aufgrund fehlender permanenter Ladungsverteilungen anzuziehen, so werden dennoch zwischen solchen Teilchen schwache Wechselwirkungskräfte wirksam.
Dies sind die sog. *van der Waalsschen Kräfte*. Sie sind sehr schwach, nicht gerichtet und werden nur auf kurze Entfernung wirksam. Bei Abständen von etwa einem Nanometer sind sie schon so klein, daß man sie vernachlässigen kann (A). Sie sind maximal wirksam, wenn die Elektronenhüllen der Teilchen sich berühren (B). Kommen sich die Teilchen näher, stoßen sie sich ab (C). Ein Gleichgewicht liegt vor, wenn beide Kräfte gleich groß sind.

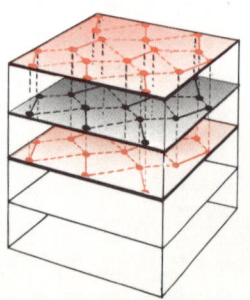

Molekülgitter

Jodmoleküle (oben) bestehen aus jeweils zwei Jodatomen, die kovalent miteinander verbunden sind. Im Jodkristall binden sich die Moleküle gegenseitig durch van der Waalssche Kräfte und nehmen bestimmte Plätze (links) eines sogenannten *Molekülgitters* ein.
Viele flüchtige organische und anorganische Stoffe bilden Molekülgitter aus.

ausgehende zusätzliche Bindungskraft, die dem Energieinhalt nach zwischen einer Atombindung und den *van-der-Waals-schen Wechselwirkungen* (S. 87) liegt.

Als zwischenmolekulare Kraft, die zu spezifischen Strukturen führen kann, kommt den Wasserstoffbrücken eine große Bedeutung zu. Sie sind z.B. für das Aneinanderhaften *(Assoziation)* der Wassermoleküle im flüssigen Wasser und Eis ebenso verantwortlich wie für den abnorm hohen Schmelz- und Siedepunkt *(Fixpunktanomalie)* des Wassers. So ist Schwefelwasserstoff, H_2S, bei Zimmertemperatur gasförmig (Schmelzpunkt: − 82,9° C; Siedepunkt: − 61,8° C). Wasser (H_2O) ist dagegen trotz der erheblich geringeren Molekülmasse aufgrund ausgeprägter Wasserstoffbrücken bei Zimmertemperatur flüssig (Schmelzpunkt: 0° C; Siedepunkt: + 100° C). Wasserstoffbrücken sind z.B. auch dafür verantwortlich, daß zahlreiche organische Stoffe, wie Zucker, Stärke, Eiweiß, aber auch die meisten Kunststoffe, bei zunehmender Erwärmung nicht verdampfen, sondern sich vorher zersetzen. Wasserstoffbrücken vermitteln beispielsweise auch die Erbinformation, die in den Nukleinsäuren gespeichert ist, und ermöglichen den Aufbau hochspezifischer Eiweißstrukturen.

Van der Waalssche Kräfte

Unter dieser Bezeichnung faßt man alle schwachen Bindungskräfte zusammen, die zwischen Atomen und Molekülen wirksam werden. Atome und Moleküle ohne permanentes Dipolmoment weisen nämlich auch *unregelmäßige Ladungsverteilung* auf, weil Schwingungen in der Elektronenhülle einen sich ändernden Dipol erzeugen, der auf benachbarte Atome und Moleküle einwirkt. Schwingen solche Dipole in Phase, so ziehen sie sich gegenseitig an. Die Ladungsverschiebung tritt hauptsächlich in der äußeren Elektronenschale auf.

Die *van der Waalsschen* Kräfte zwischen Teilchen nehmen mit deren Ordnungszahl innerhalb einer Gruppe des PSE zu, weil sich der Abstand der äußeren Schale vom Kern in dieser Richtung vergrößert und die Polarisierbarkeit der Teilchen zunimmt. Die *van der Waalsschen* Kräfte können nur wirksam werden, wenn die Teilchen relativ geringe Abstände voneinander haben. Bei Gasen sind die Kräfte daher extrem schwach.

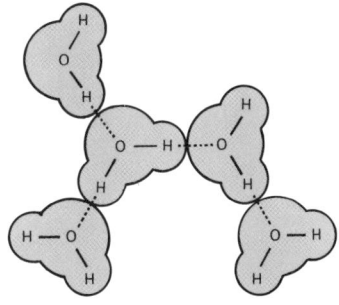

----- Wasserstoffbrücke
—— kovalente Bindung

Van der Waalssche Kräfte zwischen Heliumatomen:

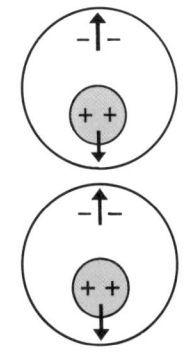

Vorübergehend polarisierte Heliumatome

Ion-Dipol-Wechselwirkungen

In der wäßrigen Lösung eines Salzes sind die Ionen von polaren Wassermolekülen umgeben, die mehr oder minder stark von den Ionen angezogen werden: die Ionen sind *hydratisiert*. Das Wassermolekül ist ein Dipol und richtet sich entsprechend der Ionenladung aus. Der negative Teil des Wassermoleküls, das Sauerstoffatom, wird vom positiv geladenen Ion angezogen, während der wasserstoffhaltige Teil von einem Ion mit negativer Ladung angezogen wird.

Die Wassermoleküle, die sich dem Ion am nächsten befinden, werden im allgemeinen stark angezogen. Sie bilden eine innere Sphäre aus, in der die Wassermoleküle fixiert sind. Die Anzahl der Wassermoleküle in der inneren Sphäre hängt von der Größe und der Ladung des Ions ab. Um diese Einheit aus Ion und Wassermolekülen liegt eine äußere Sphäre, die aus einer diffusen „Wolke" von Wassermolekülen besteht.

Die Anziehung zwischen den Wassermolekülen und dem Ion in der inneren Sphäre beruht hauptsächlich auf der *Ion-Dipol-Wechselwirkung*.

6. Die Bindungskräfte in Metallen

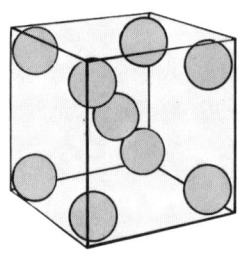

Man kann sich den metallischen Zustand so veranschaulichen, daß die Metallionen in ein leichtbewegliches „Elektronengas" eingebettet sind. Die Wellenmechanik konnte zeigen, daß die Außenelektronen der Metallatome sich auf sog. Bändern bewegen, die dem ganzen Kristall angehören. Mit dem metallischen Zustand läßt sich am ehesten das π-Elektronensystem der konjugierten Doppelbindungen vergleichen (vgl. S. 77).

Die Atomkerne metallischer Stoffe sind in einem Kristallverband angeordnet (vgl. S. 103 f). Die Valenzelektronen bleiben jedoch nicht an ein bestimmtes Atom gebunden; sie gehören vielmehr als „Elektronengas" zum gesamten Kristall. Die große Atomzahl im Kristallgitter eines Metalls hat zur Folge, daß den Valenzelektronen eine große Zahl von erlaubten Energieniveaus zur Verfügung steht. Diese liegen so dicht beieinander, daß sie ein kontinuierliches Energieband bilden, das *Valenzband*.

In den freien Atomen gibt es Elektronenschalen, deren Energieinhalt höher ist als jener der Valenzelektronen. Diese Schalen können nur besetzt werden, wenn die Atome Energie aufnehmen und sich dadurch im angeregten Zustand befinden. Auch diese höheren Niveaus bilden ein durchgehendes Energieband, das *Leitfähigkeitsband*. Zwischen dem Valenzband und dem nächst höheren Leitfähigkeitsband liegen Energieniveaus, auf denen die Elektronen des Atoms sich nicht aufhalten können; diese bilden das *verbotene Band*.

Ion-Dipol-
Wechselwirkungen

Hydratation

In einer Natriumchloridlösung befinden sich Natriumionen (Na^+) und Chloridionen (Cl^-). Ionen sind Teilchen, die eine Ladung tragen; Wassermoleküle sind Dipole, die sich im elektrischen Feld ausrichten. Ionen ziehen daher Wassermoleküle an und umgeben sich mit einer Hydrathülle. Die Bindung zwischen Ion und Wassermolekül ist eine Ion-Dipol-Bindung. Man sagt, die Ionen seien hydratisiert. Die Größe eines Ions und die Höhe seiner Ladung bestimmen die Zahl der Wassermoleküle, die es hydratisiert.

In der *inneren Sphäre* ihrer Hydrathülle binden die Ionen im allgemeinen Wassermoleküle derart, daß diese Moleküle bestimmte Stellen eines geometrischen Körpers einnehmen, in dessen Zentrum sich das Ion befindet. Das Chloridion ist von vier Wassermolekülen in tetraédrischer, das Natriumion von sechs Molekülen in oktaedrischer Anordnung umgeben. Um die innere liegt eine *äußere Sphäre* der Hydrathülle, die bezüglich Aufbau und Größe weniger definiert ist.

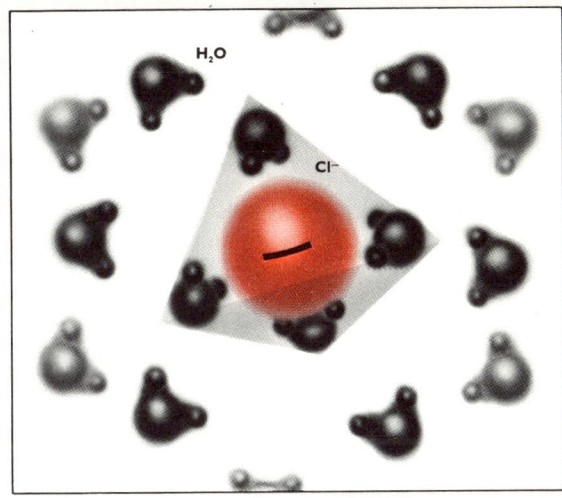

Auflösung eines Salzes

Anionen und Kationen eines Salzes können sich trennen, wenn die elektrostatische Anziehung zwischen diesen Teilchen überwunden wird. Die elektrostatische Anziehung zwischen den Ionen entgegengesetzter Ladung wird durch Lösungsmittelmoleküle verringert, und zwar um so mehr, je polarer die Moleküle des Lösungsmittels sind und je höher seine Dielektrizitätskonstante ist. Deshalb lösen sich Salze in einem polaren Lösungsmittel, wie z. B. in Wasser, besonders gut. Man kann sich die Auflösung eines Salzes in Wasser so vorstellen: Die polaren Wassermoleküle umgeben die Ionen an der Kristalloberfläche und binden diese durch Ion-Dipol-Bindungen. Dadurch werden die Ionen den elektrostatischen Wechselwirkungskräften innerhalb des Kristalls entzogen und gehen in Lösung. Ist die Ionenbindung im Salz im Vergleich zur Ion-Dipol-Bindung zwischen Ion und Lösungsmittelmolekül stark, so löst sich nur ein geringer Anteil des Salzes im Wasser.

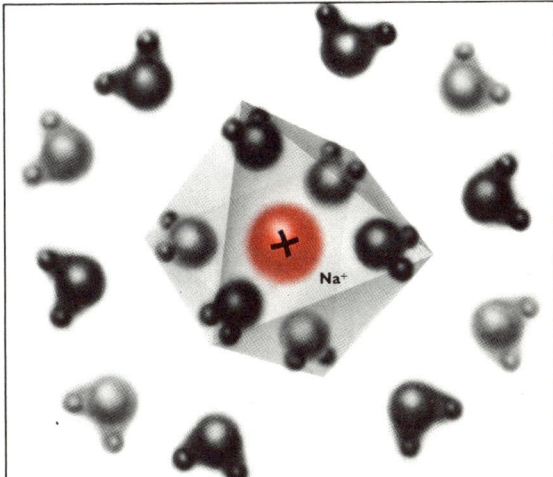

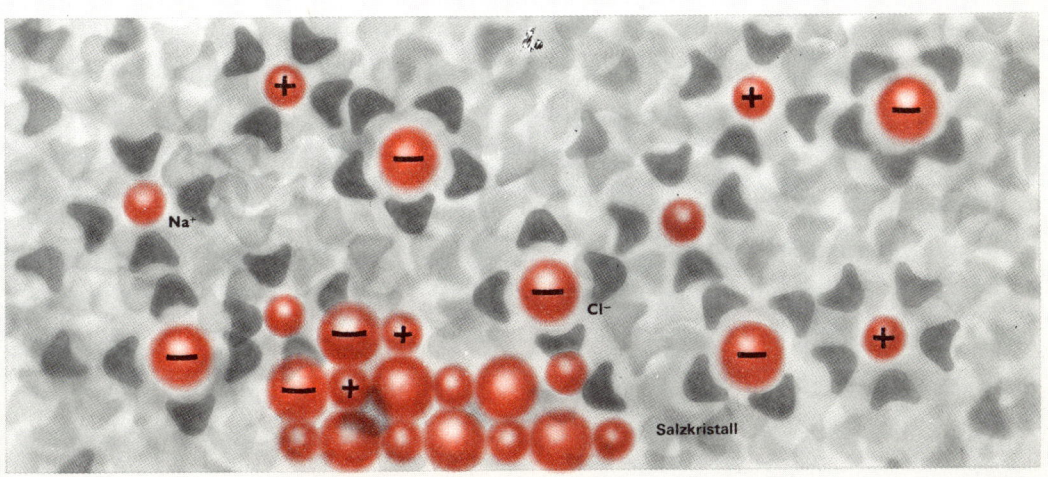

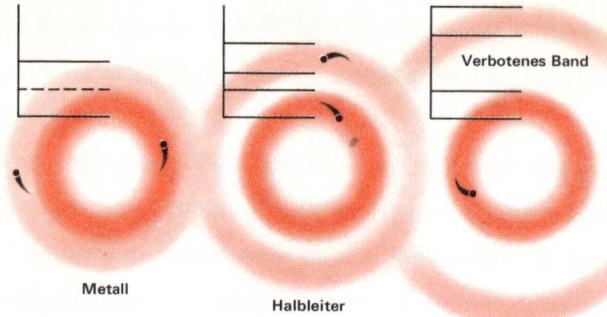

Verbotenes Band

Metall   Halbleiter   Isolator

Metall, Halbleiter und Isolator

Die diskreten Energieniveaus der freien Atom werden, wenn die Atome in einem Kristallgitte eingebaut sind, verbreitert und bilden Bände Die Bänder mit den höchsten Energiezustände sind das Valenzband und das Leitfähigkeitsban Im »Valenzband« sind normalerweise die Elektro nen der äußeren Schale des Atoms untergebrach Die Elektronen im »Leitfähigkeitsband« haben sic von den Atomkernen gelöst und bewegen sich fre im Kristallgitter; sie stellen die Ladungsträger da

Bei den **Metallen** überlappen sich Valenz- und Lei fähigkeitsband; die Elektronen im Valenzband könne leicht in das Leitfähigkeitsband gelangen. Die freie Elektronen machen das Metall zu einem guten Leiter. – Links sind die Energieniveaus eines Metalls, eines Halb leiters und eines Isolators dargestellt.

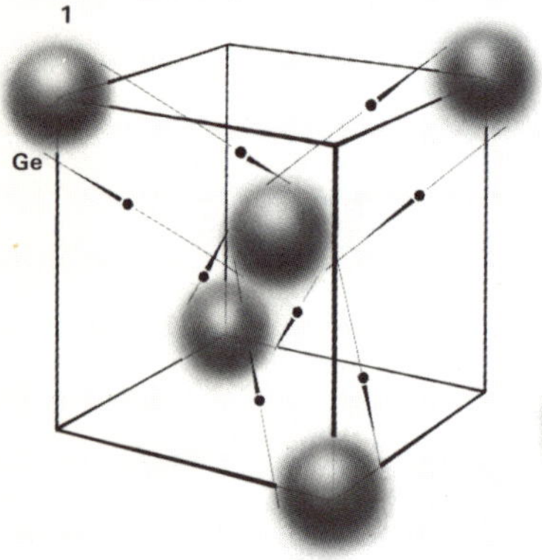

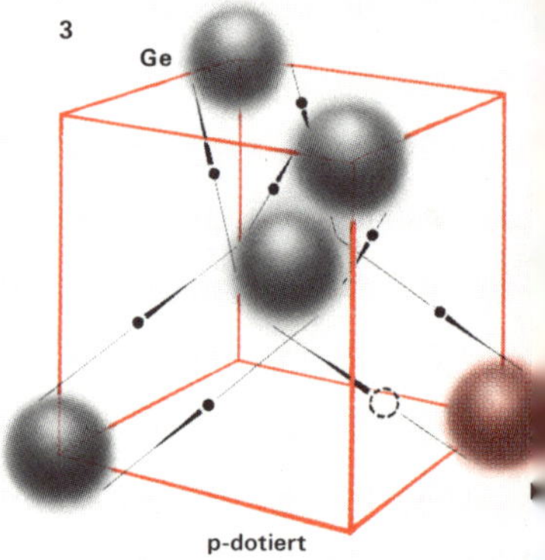

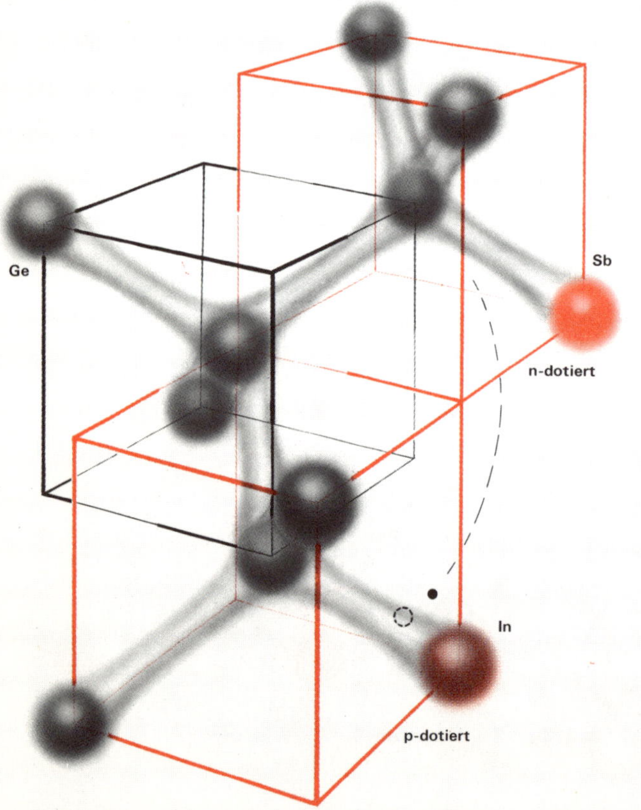

1   Ge

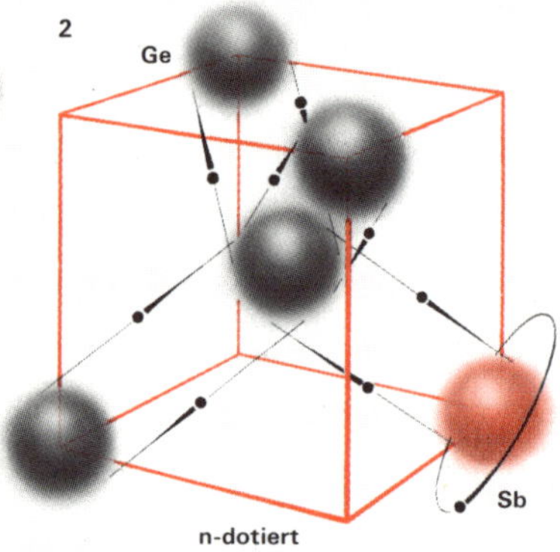

2   Ge   n-dotiert   Sb

3   Ge   p-dotiert

Ge   Sb   n-dotiert

Ge   In   p-dotiert

Beispiele für einen Halbleiter und einen Isolator sin Germanium bzw. Diamant. Diese Stoffe gehören z vierten Gruppe des periodischen Systems der Element Sie haben vier Valenzelektronen, die sich bei der Bindur der Atome im Kristall aufteilen, so daß jeder Kern vo acht Valenzelektronen umgeben ist. Das Valenzband i damit aufgefüllt, und die äußeren Elektronen sind relat stark an den Kern gebunden.

Halbleiter. Im Germanium ist das Valenzband aufgefül Die zum Erreichen des Leitfähigkeitsbands notwendig Energie ist so gering, daß die thermische Bewegung inne halb des Kristalls ausreicht, um die Elektronen in da Leitfähigkeitsband zu heben. Im Halbleiter sind zw weniger Ladungsträger vorhanden als im Metall, doc ist ihre Anzahl groß genug, um eine gute Leitfähigke des Halbleiters zu gewährleisten.

Isolatoren. Beim Diamant ist der Abstand zum Lei fähigkeitsband größer, somit ist auch der benötig Energiebedarf größer. Freie Elektronen sind nicht vo handen.

Dotierung. Abb. 1 zeigt einen Teil des Germaniun kristalls. Das mittlere Atom teilt seine Valenzelektrone mit den Nachbaratomen; sein Valenzband ist somit au gefüllt. Im Kristall 2 ist ein Germaniumatom durch e Antimonatom (Sb) ersetzt. Das Antimon gehört zur fünfte Gruppe und besitzt somit fünf Valenzelektronen. B aufgefülltem Valenzband ist das überschüssige Elektro frei und stellt einen negativen Ladungsträger dar. Ma sagt, der so dotierte Kristall sei *n-dotiert*. Beim Krist 3 wurde ein Atom des dreiwertigen Indiums (In) in da Germaniumgitter eingebaut. Seine drei Valenzelektrone reichen nicht aus, um die Valenzbänder aller Atome der Umgebung aufzufüllen. Das durch das fehlen Elektron entstandene Loch nimmt leicht ein ander Elektron auf. Der Kristall wird dadurch leitend, daß d Elektronen von Loch zu Loch wandern. Man sagt, d Loch „wandert" durch den Kristall. In diesem Fall lie ein positiver *p-dotierter* Halbleiter vor. — Links: Au schnitt aus einem Kristallaufbau mit Elektronenleitung vo einem n-dotierten zu einem p-dotierten Kristall.

Bei Metallen ist nur ein Teil der Niveaus des Leitfähigkeitsbandes belegt, wodurch eine große Beweglichkeit der Valenzelektronen gewährleistet ist. Sie können sich im Kristallgitter bewegen und somit die Rolle der Ladungsträger spielen. Bei Isolatoren und Halbleitern ist bei tiefen Temperaturen das Leitfähigkeitsband leer, die Elektronen haben keine Bewegungsfreiheit. Elektrische Leitfähigkeit kann daher nur dann auftreten, wenn den Elektronen so viel Energie zugeführt wird, daß sie vom Valenzband ins Leitfähigkeitsband springen können, in dem sie sich bewegen können. Isolatoren und Halbleiter unterscheiden sich durch die Breite des verbotenen Bandes, das die Elektronen überspringen müssen, um ins Leitfähigkeitsband zu kommen. Das verbotene Band ist bei den Halbleitern nicht so breit wie bei den Isolatoren. Bei Zimmertemperatur reicht die thermische Bewegung im Kristall aus, um den Elektronen so viel Energie zuzuführen, daß einige von ihnen ins Leitfähigkeitsband gelangen können. In der Tabelle auf S. 92 ist die Einheit für die Leitfähigkeit der reziproke Wert des Widerstandes eines kubischen Blocks mit 1 m Kantenlänge.

Beim Halbleiter heißt die hier besprochene Leitungsform *Eigenleitung*, da die Atome des Stoffes die zur Stromleitung notwendigen Elektronen liefern. Die in das Leitfähigkeitsband gelangten Elektronen sind negative Ladungsträger *(n-Leitung)*.

Im Valenzband, das diese Elektronen verlassen haben, hinterlassen sie ein „Loch", das von einem sich in der Nähe befindlichen Elektron aufgefüllt werden kann. Dadurch entsteht wieder ein Loch, das durch ein Nachbarelektron aufgefüllt wird, usw. Die Löcher übernehmen die Rolle von positiven Ladungsträgern und bewegen sich in entgegengesetzter Richtung wie die Elektronen. Diese Löcherleitung nennt man *p-Leitung*.

Verunreinigungen (Störstellen) des Halbleiters bewirken eine erhöhte Leitfähigkeit, die schon bei einer sehr geringen Konzentration groß genug ist, um die Eigenleitung zu übertreffen. Bei dieser *Störstellenleitung* kann es sich um eine n-Leitung, eine p-Leitung oder um beide Leitungsarten handeln.

Ein Germaniumkristall kann n-leitend werden, wenn man einige seiner Atome durch solche eines anderen Elementes ersetzt (Dotierung), das, wie z. B. Phosphor oder Antimon, aus der fünften Gruppe des Perioden-Systems stammt. Das Germanium besitzt, da es ein Element der vierten Gruppe

Metallbindung
Die Atome eines festen metallischen Elements sind im Kristallgitter durch die sog. Metallbindung verknüpft. Da die Bindungspartner alle identisch sind, entfällt die Polarität als bindendes Prinzip zwischen den Teilchen wie bei der Ionenbindung, und es liegt nahe, das feste Metall mit einem Atomkristall, dem Diamant, zu vergleichen. Gegenüber dem Diamant zeichnet sich ein Metall durch hohe thermische und elektrische Leitfähigkeit, durch hohes Absorptions- und Reflexionsvermögen bezüglich Licht sowie im allgemeinen durch hohe Duktilität (Verformbarkeit) aus.
Die Metallbindung kommt dadurch zustande, daß die Metallatome Außenelektronen abspalten und positiv geladene Ionen bilden. Diese Leitungselektronen bewirken die Bindung zu sämtlichen Nachbarteilchen im Gitter, sind also weder einem bestimmten Teilchen (wie bei der Ionenbindung) noch einer bestimmten Bindung zwischen zwei Teilchen (wie bei der kovalenten Bindung) zugeordnet. Sie sind nicht lokalisiert und frei beweglich.

Bändermodell

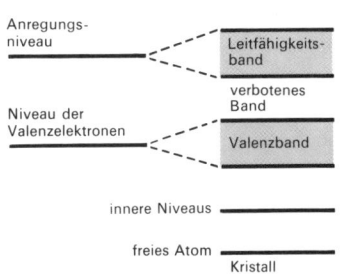

91

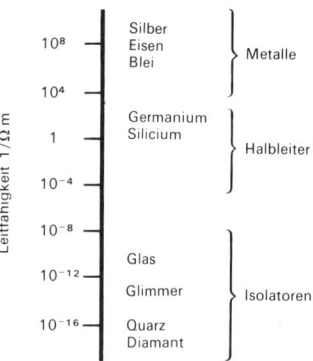

ist, vier Valenzelektronen. Im Kristallgitter sind die einzelnen Atome durch vier Elektronenpaarbindungen kovalent miteinander verbunden. Vier von den fünf Valenzelektronen der eingebauten Atome werden für die Bindung im Kristallgitter gebraucht. Das fünfte Elektron ist so schwach gebunden, daß es leicht ins Leitfähigkeitsband gelangen kann. Man nennt einen solchen eingebauten Stoff *Donator*. Sein fünftes Elektron befindet sich auf einem Energieniveau, das oberhalb des Valenzbandes und nur wenig unter dem Leitfähigkeitsband liegt. Die zum Sprung ins Leitfähigkeitsband notwendige Energie ist also wesentlich kleiner als bei der Eigenleitung.

Ein Germaniumkristall wird hingegen p-leitend, wenn Atome eines dreiwertigen Elements (z. B. Indiumatome) eingebaut werden. Die drei Valenzelektronen reichen für vier Elektronenpaarbindungen nicht aus. Eine von ihnen ist unvollständig, und bei dem eingebauten Atom entsteht ein „Loch". Das Loch kann dadurch ausgefüllt und „weitergereicht" werden, daß es ein Elektron aus einer in der Nähe liegenden Elektronenpaarbindung aufnimmt. Das Loch wandert auf diese Weise durch den Kristall. Man nennt die eingebauten Atome *Akzeptoren;* der Kristall bildet einen p-leitenden Halbleiter. Sein Energieniveau oder Akzeptorniveau befindet sich oberhalb des Valenzbandes. Die zum Sprung ins Leitfähigkeitsband notwendige Energie entspricht dem Unterschied zwischen dem Niveau des Valenzbandes und dem des Akzeptors.

TEIL III
Die Struktur von Teilchen

1. Der Strukturbegriff

Unter *Struktur* versteht der Chemiker die geometrische Konfiguration der Teilchen und deren Ladungsverteilung bzw. Polarisierbarkeit. Nach *R. S. Nyholm* beinhaltet der Begriff Struktur die:
- Elektronenkonfiguration und Ladungszustand (bzw. Oxidationsstufe) eines Atoms (vgl. S. 59 ff, 66 ff, 82 ff, 103 ff)
- Koordinationszahl eines Teilchens (vgl. S. 96)
- Stereochemische Anordnung der einzelnen Atome eines Teilchens und Aufbau des gesamten Teilchens (vgl. S. 98 ff)
- Bindungswinkel und Bindungslängen, Bindungsart und Bindungsstärke (vgl. S. 69 ff)

2. Die Struktur komplexer Teilchen

Komplexe Teilchen – meist kurz als *Komplexe* bezeichnet – bilden Verbindungen höherer Ordnung, die durch Anlagerung von Teilchen an ein Atom, ein Ion oder an ein schon bestehendes größeres Teilchen aufgebaut werden und die im festen Zustand wie auch in wäßriger Lösung als Komplex beständig sind. So löst sich z.B. Silberchlorid (AgCl), welches sehr schwer in Wasser löslich ist, bei Zugabe von Ammoniak auf, indem es in leichtlösliches Diamminsilberchlorid, $[Ag(NH_3)_2]Cl$, übergeht. Eine hellblaue Kupfersulfatlösung $(CuSO_4)$ färbt sich bei Zugabe von Ammoniak tiefblau unter Bildung des Tetramminkupfer-Komplexes, $[Cu(NH_3)_4]SO_4$. Bei der Bildung des Komplexes werden an ein Teilchen Moleküle oder Ionen entgegengesetzter Ladung angelagert. Das Teilchen, an das angelagert wird, heißt Zentralteilchen oder auch *Zentralatom;* die angelagerten *(koordinierten)* Teilchen

93

sind die *Liganden.* Auch ein hydratisiertes Ion (vgl. S. 88) ist ein Komplex; ein *komplexes Ion* dieser Art baut sich aus einem Zentralatom auf, das eine bestimmte Anzahl von Wassermolekülen koordiniert (vgl. Abb. S. 89).

Die Stabilität eines Komplexes ergibt sich aus seiner Neigung, nicht zu dissoziieren (d.h. nicht in die zugrunde liegenden Teilchen zu zerfallen). Die stabilsten Komplexe sind praktisch undissoziiert. So sind z.B. manche Cyanokomplexe infolge eines stark kovalenten Anteils in der Bindung der Liganden ans Zentralatom derart stabil, daß bei diesen Komplexen das Zentralatom durch die üblichen Nachweisreaktionen nicht mehr zu erfassen ist.

Die Dissoziation der Komplexe folgt dem Massenwirkungsgesetz. Das Silberion bildet mit einem oder zwei Molekülen Ammoniak zwei Amminkomplexe entsprechend folgenden Gleichgewichten:

$$Ag^+ + NH_3 \rightleftarrows [Ag(NH_3)]^+$$
Amminsilber(I)-Ion
$$[Ag(NH_3)]^+ + NH_3 \rightleftarrows [Ag(NH_3)_2]^+$$
Diamminsilber(I)-Ion

Die Anwendung des Massenwirkungsgesetzes auf diese Gleichgewichtsreaktionen zeigt:

$$\frac{[Ag(NH_3)^+]}{[Ag^+] \cdot [NH_3]} = k_1$$

$$\frac{[Ag(NH_3)_2^+]}{[Ag(NH_3)^+] \cdot [NH_3]} = k_2$$

Die Konstanten dieser Gleichgewichte werden *Komplexbildungskonstanten* genannt. Je größer eine solche Konstante ist, desto stabiler ist der Komplex. Die meisten der komplexen Ionen enthalten ein Zentralatom, das mehrere Teilchen koordinativ bindet. Komplexe können auch in solcher Weise entstehen, daß Liganden Brücken zwischen Zentralatomen bilden und dadurch mehr als einem Zentralatom angehören. Man spricht in solchen Fällen von *mehrkernigen Komplexen,* die sich aus einer endlichen Anzahl von Zentralatomen zusammensetzen können. Weiten sie sich auf einen Kristall aus, spricht man von einem *unbegrenzten Komplex.*

Unter den mehrkernigen Komplexen sind besonders die Silicationen zu erwähnen, die in vielen gesteinsbildenden Mineralen vorkommen. Die Silicationen ordnen sich zu verschiedenen Strukturtypen an.

Komplexe Ionen

Man kann das hydratisierte Natriumion als ein komplexes Ion ansehen, in dem das Natriumion das Zentralatom und die Wassermoleküle die Liganden sind. Die Wassermoleküle sind durch Ion-Dipol-Bindungen, also durch elektrostatische Wechselwirkungskräfte gebunden.

Weist die Elektronenhülle eines ionisierten Atoms unvollständig besetzte Energieniveaus auf, die sich durch Aufnahme von Elektronenpaaren auffüllen können, so neigt das Ion dazu, Komplexe zu bilden. Moleküle und Ionen, die als Liganden gebunden werden, verfügen fast immer über freie Elektronenpaare. Die Bindung zwischen Zentralatom und Ligand kommt bei diesen Komplexen dadurch zustande, daß der Ligand für die Bindung ein freies Elektronenpaar zur Verfügung stellt. Somit stammen beide gemeinsamen Elektronen nur von einem der beiden Bindungspartner. Dieser Spezialfall einer kovalenten Bindung wird als *koordinative Bindung*, der Komplex als *Durchdringungskomplex* bezeichnet. Ein Komplex dieser Art ist stabiler als einer, bei dem die Bindung zwischen Zentralatom und Ligand auf elektrostatischen Wechselwirkungskräften beruht *(Anlagerungskomplexe)*, wie z. B. beim hydratisierten Natriumion.

Die Zahl der Liganden, die ein Zentralatom umgeben, ist durch mehrere Faktoren bestimmt. Vor allem sind es die Größe des metallischen Zentralatoms und die Beschaffenheit der Elektronenhülle, die die Koordinationszahl bei Metallverbindungen bestimmen.

Bei den Durchdringungskomplexen sind es meistens Sauerstoff-, Stickstoff-, Kohlenstoff- oder Halogenatome, die in entsprechenden Ionen oder Molekülen ein Elektronenpaar zur kovalenten Bindung beisteuern. Häufig setzen sich Liganden selbst aus mehreren Atomen zusammen.

Die Zahl der Liganden, die um das Zentralatom angeordnet sind, wird *Koordinationszahl* genannt. Die Koordinationszahlen, die am häufigsten auftreten, sind 2, 3, 4, 6 und 8. Die Liganden ordnen sich geometrisch so nah wie möglich um das Zentralatom an.

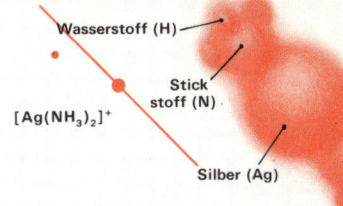

Im komplexen *Diamminsilberion* sind die beiden Liganden und das Zentralatom linear angeordnet.

$[Ag(NH_3)_2]^+$

Wasserstoff (H) · Stickstoff (N) · Silber (Ag)

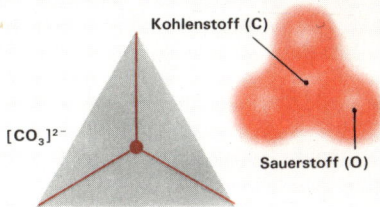

Auch mehratomige Anionen besitzen eine symmetrische Anordnung von Atomen um ein Zentralatom und wurden deshalb früher zu den Komplexen gezählt. Zum Beispiel besetzen im *Carbonation* die 3 Sauerstoffatome die Ecken eines gleichseitigen Dreiecks und liegen mit dem Kohlenstoffatom auf einer Ebene.

Gold bildet *ebene komplexe Ionen*. Als Beispiel ist das *Tetrachloro-aurat-(III)-Ion* abgebildet.

$[CO_3]^{2-}$

Kohlenstoff (C) · Sauerstoff (O)

$[AuCl_4]^-$

Gold (Au) · Chlor (Cl)

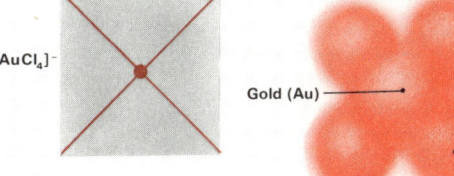

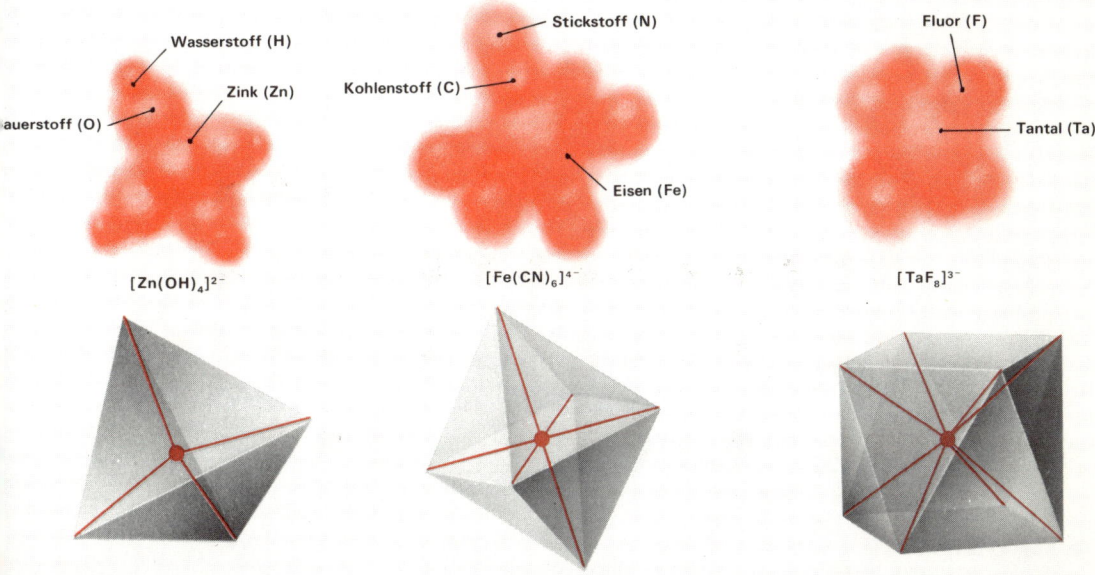

$[Zn(OH)_4]^{2-}$

Wasserstoff (H) · Zink (Zn) · Sauerstoff (O)

$[Fe(CN)_6]^{4-}$

Stickstoff (N) · Kohlenstoff (C) · Eisen (Fe)

$[TaF_8]^{3-}$

Fluor (F) · Tantal (Ta)

Werden vier Liganden koordinativ gebunden, so sitzen die Liganden im allgemeinen in den Ecken eines Tetraeders. In wäßriger Lösung ist ein *Zinkation* von 4 Hydroxylgruppen umgeben, die es kovalent bindet.

Im *Kalium-hexacyanoferrat(II)*, dem *gelben Blutlaugensalz*, sind die 6 Liganden oktaedrisch um das Zentralatom angeordnet.

Im *Oktafluorotantalat(V)-Ion* sind die Liganden um das Zentralatom quadratischantiprismatisch angeordnet.

Koordinationszahl

Die Anzahl der Liganden entspricht der *Koordinationszahl* des Zentralatoms. Das Zentralatom strebt danach, so viele Liganden zu binden, wie es seiner charakteristischen Koordinationszahl entspricht. Die häufigsten Koordinationszahlen sind 2, 3, 4, 6 und 8.

Die Koordinationszahl eines Zentralatoms hängt von seiner eigenen und der Größe der Liganden ab, oft aber auch von der Möglichkeit, kovalente Bindungen einzugehen. Die Übergangsmetalle besitzen oft unausgefüllte Elektronenniveaus und bilden deshalb gerne stabile Komplexe mit kovalenten Bindungen. Am häufigsten werden solche kovalenten Bindungen eingegangen, bei denen der Ligand ein Elektronenpaar für die Bindung zur Verfügung stellt, das irgendein Orbital des Zentralatoms auffüllt (*koordinative Bindung*, S. 81). Durch Ausbildung solcher Komplexe gelingt es einer Reihe von Übergangsmetallen, Edelgasstruktur zu erreichen, was sonst nicht möglich ist. Die Liganden ordnen sich in bestimmten geometrischen Figuren an, z.B. in Tetraedern oder Oktaedern.

Die häufigsten Anordnungen in Komplexverbindungen. Das Schema zeigt diejenigen chemischen Elemente im Periodensystem, die als Zentralatome vier oder sechs Liganden koordinativ binden. Solche Elemente, die Komplexverbindungen verschiedener Struktur bilden können, wurden mit mehreren Symbolen versehen, die den verschiedenen Strukturen entsprechen.

▲ 4 Liganden in tetraedrischer Anordnung

□ 4 Liganden in ebener, quadratischer Anordnung

⬡ 6 Liganden in oktaedrischer Anordnung

Das VSEPR-Modell

Aufgrund der Untersuchungen von einfachen und komplexen Molekülgerüsten haben *Nyholm* und *Gillespie* das *VSEPR-Modell* (Valence-Shell-Electron-Pair-Repulsion; etwa: Elektronenpaarabstoßung) entwickelt. Danach ergibt sich die wahrscheinlichste Anordnung einer beliebigen Anzahl von Elektronenpaaren in der Valenzsphäre eines Atoms aus folgender Überlegung:

Man stellt sich die Elektronenpaare eines Orbitals stark vereinfachend als Punkte auf einer Kugeloberfläche vor. Wegen der Gültigkeit des *Pauli*prinzips sind sie so anzuordnen, daß sie untereinander einen möglichst großen Abstand aufweisen. Aufgrund mathematischer Ableitungen, aber auch aus dem reichen Schatz chemischer Erfahrungen ergeben sich die in der Abb. S. 99 dargestellten Fälle.

Dem VSEPR-Modell liegen darüber hinaus folgende sechs Postulate zugrunde:

1. AO mit freien Elektronenpaaren stoßen benachbarte Orbitale stärker ab, als dies MO tun; z.B.:

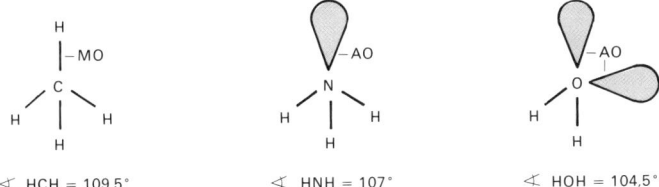

⋖ HCH = 109,5°   ⋖ HNH = 107°   ⋖ HOH = 104,5°

2. Die von MO ausgeübte Abstoßung nimmt mit zunehmender EN des Liganden ab; z.B.:

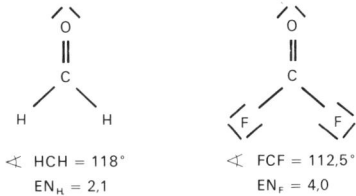

⋖ HCH = 118°   ⋖ FCF = 112,5°
EN_H = 2,1 EN_F = 4,0

3. τ-MO stoßen andere Orbitale stärker ab, als dies σ-MO tun. Beispiel:

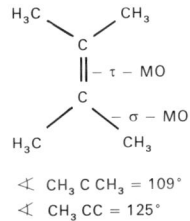

⋖ $CH_3 C CH_3$ = 109°
⋖ $CH_3 CC$ = 125°

4. Orbitale stoßen sich in unvollständig aufgefüllten Elektronenschalen schwächer ab als in vollständig aufgefüllten Schalen.

5. Die Elektronen in freien AO von Liganden-Atomen mit vollständig aufgefüllter Valenzschale haben das Bestreben, zur unvollständig aufgefüllten Valenzsphäre des Zentralatoms überzugehen.

6. „Sind in der Valenzschale eines Zentralatoms so viel Elektronenpaare enthalten (z. B. fünf oder sieben), daß unmöglich alle Elektronenpaare dieselbe Anzahl nächster Nachbarn haben, dann werden die Elektronen, die die größte Anzahl nächster Nachbarn haben, sich in einem größeren Gleichgewichtsabstand vom Atomkern aufhalten, als dazu die anderen Elektronenpaare in der Lage sind" *(F.-D. Leyh)*.

Die Anordnung von mehr als sechs Elektronenpaaren ziehen wir nicht in unsere Betrachtungen ein, weil es bei den seltener auftretenden Koordinationszahlen ab sechs jeweils energieähnliche Alternativstrukturen gibt.

3. Stereochemie – Isomerie

Mehrere Verbindungen können die gleiche chemische Zusammensetzung, aber verschiedene Strukturen haben. Diese Erscheinung nennt man *Isomerie*. Verbindungen mit gleicher Bruttoformel, die sich aber durch eine oder mehrere ihrer physikalischen oder chemischen Eigenschaften unterscheiden, heißen Isomere oder isomere Formen.

Ersetzt man ein Wasserstoffatom im Propan (C_3H_8) durch ein Bromatom, so bildet sich Brompropan (C_3H_7Br), welches zwei verschiedene Strukturen mit verschiedenen Eigenschaften (z. B. unterschiedlichen Schmelzpunkt) haben kann. Man erklärt diese Erscheinung mit der unterschiedlichen Stellung der Atome in beiden Molekülen: sie haben verschiedene Struktur. Die Strukturformeln sind:

$$
\begin{array}{ccccc}
& H & H & H & \\
& | & | & | & \\
H - & C - & C - & C & - Br \\
& | & | & | & \\
& H & H & H &
\end{array}
\qquad \text{und} \qquad
\begin{array}{ccccc}
& H & H & H & \\
& | & | & | & \\
H - & C - & C - & C & - H \\
& | & | & | & \\
& H & Br & H &
\end{array}
$$

Man könnte annehmen, daß Brompropan in acht verschiedenen Strukturen auftritt, weil acht Wasserstoffatome durch das

Das VSEPR-Modell

Koordinationszahl	Struktur eines maximal koordinierten Teilchens	Anzahl der Liganden	Konfiguration BP = bindende Elektronenpaare FP = freie Elektronenpaare	Molekültyp A = Zentralatom, X = Liganden	Gestalt der Teilchen ⊙ = Zentralatom ● = Ligand 🔴 = freies Elektronenpaar		Beispiele für Teilchenstrukturen
2	linear	2	2 BP	AX_2	linear		$ZnCl_2$, $CdBr_2$, Hg_2Cl_2, $[Ag(CN)_2]^-$, $[Au(CN)_2]^-$
3	triangular	3	3 BP	AX_3	triangular		BF_3, AlF_3, $AlCl_3$, $KCu(CN)_2$
			2 BP, 1 FP	AX_2	gewinkelt		$SnCl_2$, $PbBr_2$, $In(CH_3)_3$
4	tetraedrisch	4	4 BP	AX_4	tetraedrisch		CH_4, CCl_4, NH_4^+, SiF_4
		3	3 BP, 1 FP	AX_3	pyramidal		NH_3, H_3O^+, PCl_3, As_3O_3, AsF_3, $SbBr_3$, PH_3
		2	2 BP, 2 FP	AX_2	gewinkelt		H_2O, OF_2, SCl_2, $TeBr_2$, Cl_2O, SF_2
5	trigonal-bipyramidal	5	5 BP	AX_5	trigonal-bipyramidal		PCl_5, $SbCl_5$, VO_5^{-1}, PF_5, AsF_5, PF_3Cl_2
		4	4 BP, 1 FP	AX_4	unregelmäßig tetraedrisch		SF_4, $TeCl_4$, R_2SeCl_2
		3	3 BP, 2 FP	AX_3	T-förmig		ClF_3, BrF_3
		2	2 BP, 3 FP	AX_2	linear		$[JCl_2]^-$, $[J_3]^-$
6	oktaedrisch	6	6 BP	AX_6	oktaedrisch		$[SiF_6]^{2-}$, $[PbCl_6]^{2-}$, $Te(OH)_6$, MoF_6, SeF_6
		5	5 BP, 1 FP	AX_5	quadratisch-pyramidal		BrF_5, JF_5
		4	4 BP, 2 FP	AX_4	planar-quadratisch		$[JCl_4]^-$, $[BrF_4]^-$, XeF_4

Isomerie

Zwei Verbindungen mit gleicher Summenformel können verschiedene Eigenschaften besitzen. Sie müssen dann verschiedene Strukturen haben, denn die Eigenschaften eines Stoffes sind abhängig von der Anordnung seiner Atome. Stoffe mit gleicher Summenformel, aber verschiedener Struktur nennt man Isomere.

Strukturisomerie. Die Abb. rechts zeigen die 3 Isomeren des Dibrombenzols mit der Summenformel $C_6H_4Br_2$. Um die Stellung der Bromatome bezüglich der 6 gleichwertigen Kohlenstoffatome anzugeben, kann man sie entweder numerieren oder die Bezeichnung ortho-, meta- oder para- vor den Namen verwenden. Ortho-Dibrombenzol ist eine andere Bezeichnung für 1,2-Dibrombenzol.
1,3-substituierte heißen meta- und 1,4-substituierte para-Verbindungen.

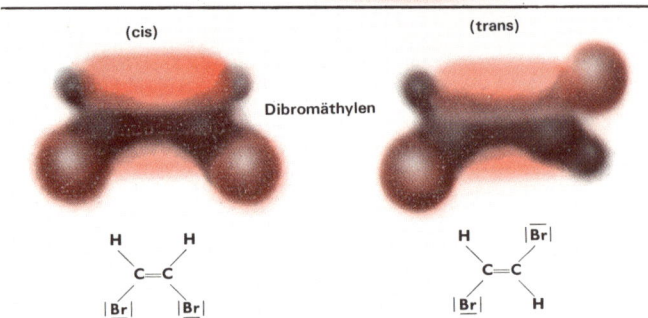

ortho-Dibrombenzol

meta-Dibrombenzol

para-Dibrombenzol

Geometrische oder Cis-Trans-Isomerie tritt nur bei Doppel- und Dreifachbindungen auf. Die Abb. zeigen die Cis- und Trans-Form von Dibromäthen. Die beiden Formen unterscheiden sich voneinander durch die Stellung der Bromatome; die Wörter cis und trans bezeichnen die Stellung dieser Atome zueinander: *cis* bedeutet diesseits und *trans* jenseits. Die Bedingung dafür, daß die beiden Formen wirklich isomer und nicht identisch sind, ist eine fixierte Stellung der Bromatome; d. h., eine Drehung um die C=C-Bindung ist nicht möglich. Um eine Einfachbindung kann eine solche Drehung erfolgen, deshalb sind

identische Verbindungen. In Mehrfachbindungen verhindert die π-Elektronenwolke eine solche Drehung.

(cis)　　　　(trans)

Dibromäthylen

Optische Isomerie oder *Spiegelbildisomerie* tritt nur bei Verbindungen mit einem asymmetrischen Kohlenstoffatom auf. Ein solches Kohlenstoffatom ist über seine 4 Bindungen mit 4 verschiedenen Atomen oder Gruppen verbunden. Bei Milchsäure findet sich in der Mitte des Moleküls ein asymmetrisches Kohlenstoffatom, an das die 4 Bindungspartner CH_3, H, OH und COOH gebunden sind. Die Strukturen der Isomeren verhalten sich zueinander wie Bild und Spiegelbild. Optische Isomere haben gleiche physikalische und chemische Eigenschaften mit einer Ausnahme: sie drehen die Polarisationsebene des Lichts in verschiedene Richtungen. Das eine ist *rechtsdrehend*, das andere *linksdrehend*. Man sagt auch, daß zwei optische Isomere *optische Antipoden* sind.

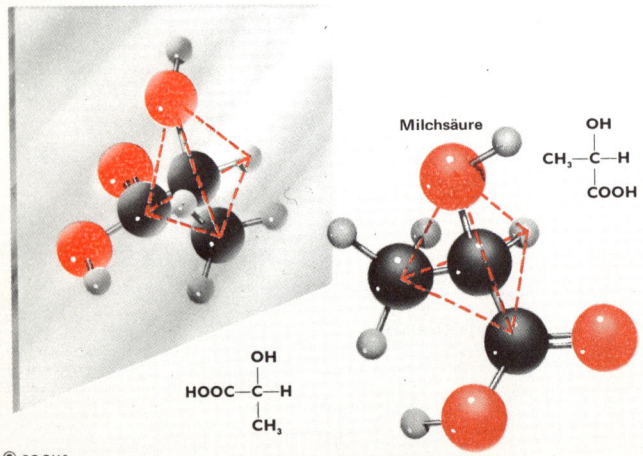

Milchsäure

Bromatom ersetzt werden könnten. Es gibt jedoch nur zwei mögliche Strukturen, die sich tatsächlich unterscheiden; denn einige der Wasserstoffatome sind, was die Struktur betrifft, gleichwertig, so z. B. die Wasserstoffatome an den Enden der Kette. Ihre Bindungswinkel sind identisch, und die einfach gebundenen Kohlenstoffatome können um ihre Bindungsachse rotieren. Es kann folglich nur eine isomere Form vorkommen, wenn das Bromatom an dem einen oder anderen äußeren Kohlenstoffatom steht. Aus den gleichen Gründen sind die beiden Wasserstoffatome am inneren Kohlenstoffatom gleichwertig (vgl. auch Abb. S. 100).

Isomerie in der Methanreihe. In der Methanreihe tritt Isomerie auf ab Butan (C_4H_{10}), von dem zwei Formen vorkommen. Die Anzahl der Isomeren nimmt mit der Anzahl der Kohlenstoffatome schnell zu.

Formel	Anzahl der Isomeren
C_5H_{12}	3
C_6H_{14}	5
C_7H_{16}	9
C_8H_{18}	18
C_9H_{20}	35
$C_{10}H_{22}$	75
$C_{20}H_{42}$	366 319
$C_{30}H_{62}$	4 111 846 763
$C_{40}H_{82}$	62 491 178 805 831

Strukturisomerie und Tautomerie

Die *Strukturisomerie* wird oft in zwei Gruppen unterteilt. Zur ersten Gruppe gehören die *Isomeren mit verschiedenen funktionellen Resten*, z.B. Dimethyläther (CH_3OCH_3) und Äthanol (C_2H_5OH), welche beide die Summenformel C_2H_6O haben, aber folgende Strukturformeln:

```
    H    H              H   H
    |    |              |   |
H — C — O — C — H  bzw.  H — C — C — OH
    |    |              |   |
    H    H              H   H
```

Die andere Gruppe enthält die *Stellungsisomeren*, die sich entweder durch die Verzweigung der Kohlenstoffkette oder durch die Stellung irgendeines Restes (Radikals) an einer Kohlenstoffkette oder an einem Kohlenstoffring unterscheiden. Das Brompropan ist ein Beispiel für diese Art von Isomerie.

Die *Tautomerie* kann als Spezialfall der Strukturisomerie betrachtet werden, bei der sich die Moleküle durch die Lage eines Protons bzw. Wasserstoffatoms unterscheiden. Beispiel:

```
    H   O   H              H  HO  H
    |   ||  |               \  |  |
H — C — C — C — H            C = C — C — H
    |       |               /        |
    H       H              H         H
```

Keto-Form von Propanon   Enol-Form von Propenol-2

Stellungsisomere des Hexans. Die Unterschiede in den Eigenschaften von Stellungsisomeren werden hier am Beispiel der Isomeren des Hexans und deren Siedepunkt gezeigt.

$CH_3 - CH_2 - CH_2 - CH_2 - CH_2 - CH_3$ 68,7° C
(n-Hexan)

$CH_3 - CH_2 - CH_2 - CH - CH_3$ 60,3° C
$\qquad\qquad\qquad\quad |$
$\qquad\qquad\qquad\quad CH_3$
(2-Methylpentan)

$CH_3 - CH_2 - CH - CH_2 - CH_3$ 63,3° C
$\qquad\qquad\quad |$
$\qquad\qquad\quad CH_3$
(3-Methylpentan)

$\qquad\qquad CH_3$ 49,7° C
$\qquad\qquad |$
$CH_3 - C - CH_2 - CH_3$
$\qquad\qquad |$
$\qquad\qquad CH_3$
(2,2-Dimethylbutan)

$CH_3 - CH - CH - CH_3$ 58,0° C
$\qquad\quad |\quad\ |$
$\qquad\quad CH_3\ CH_3$
(2,3-Dimethylbutan)

Stereoisomerie

Zu diesem Typ gehören die geometrische und die optische Isomerie.
Geometrische oder Cis-Trans-Isomerie. Diese Bezeichnung

steht für eine Art Isomerie, die bei Doppelbindungen auftritt. Die Möglichkeit der Rotation zwischen den beiden Kohlenstoffatomen wird von der π-Elektronenwolke eingeschränkt. Die Abb. S. 100 zeigt die beiden Cis- und Trans-Isomeren des Dibromäthens oder Dibromäthylens.

Cis bedeutet „diesseitig" und entspricht der Stellung der beiden Bromatome auf der gleichen Seite der Doppelbindung, während sie sich in der Trans-Form auf beiden Seiten der Doppelbindung befinden.

Optische Isomerie tritt nur in Verbindungen auf, in denen ein *asymmetrisches Kohlenstoffatom* vier verschiedene Radikale bindet. Die isomeren Formen gleichen sich wie ein Gegenstand und sein Spiegelbild.

Man bezeichnet sie als *D- und L-Form.* Um festzustellen, ob ein Molekül D- oder L-Struktur aufweist, orientiert man es auf eine bestimmte Weise (vgl. Abb. S. 100; Beispiel Milchsäure). Die am stärksten oxidierte Gruppe (COOH-Gruppe) wird nach oben gestellt. Das Wasserstoffatom und der für die Eigenschaften der Verbindung wichtige Molekülteil werden auf den Betrachter zu gerichtet (H-Atom und OH-Gruppe). Steht dabei dieser eigenschaftenbestimmende Molekülteil rechts, so hat man die D-Form des Moleküls vor sich, andernfalls die L-Form:

D-Form der Milchsäure   L-Form der Milchsäure

Im Gegensatz zu den anderen Isomerietypen haben optische Isomere den gleichen Schmelzpunkt, den gleichen Siedepunkt usw. Sie unterscheiden sich indessen durch die Beeinflussung der Polarisationsebene des Lichts. Und zwar dreht die eine Form die Polarisationsebene nach rechts, sie ist *rechtsdrehend*, die andere Form dreht die Polarisationsebene nach links, sie ist *linksdrehend*.

Die Verbindungen, die auf diese Weise das Licht beeinflussen, bezeichnet man als *optisch aktiv.* Die Lage der Atome im Molekül ist für diese Eigenschaft verantwortlich; letztere ist unabhängig vom Aggregatzustand. Mischt man ebenso viele rechtsdrehende und linksdrehende Moleküle des gleichen

Optische Aktivität wird auch als *Chiralität* bezeichnet.

102

Stoffes, so erhält man eine optisch *inaktive* Mischung, das *Racemat*. (Vgl. auch Abb. S. 100).

Konformationsisomerie liegt vor, wenn sich die Isomeren ohne Lösen einer chemischen Bindung und unter geringem Energieaufwand ineinander überführen lassen.

So existieren z.B. vom Cyclohexan (C_6H_{12}), welches aufgrund der Tetraederstruktur der sp^3-hybridisierten Kohlenstoffatome (vgl. S. 73) keinen ebenen Ring bilden kann, zwei konformationsisomere Formen:

Sesselform   Wannenform

Rotationsisomerie als Spezialfall der Konformationsisomerie kann bei kettenförmigen Alkanen vorliegen, bei denen freie Drehbarkeit um die C-C-Einfachbindung herrscht.

Äthen-Molekül

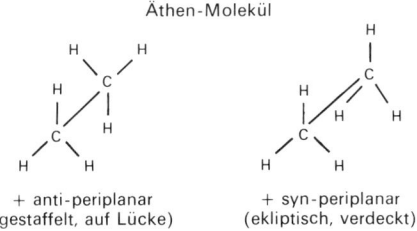

+ anti-periplanar   + syn-periplanar
(gestaffelt, auf Lücke)   (ekliptisch, verdeckt)

4. Die Struktur kristalliner Stoffe

Kristallsysteme

Kristalle sind Festkörper, die eine bestimmte äußere Gestalt aufweisen, welche auf einer bestimmten Anordnung ihrer Bausteine (Atome, Ionen, Moleküle, komplexe Teilchen) beruht.

Die am Aufbau des Kristalls beteiligten Teilchen sind in einem sich wiederholenden (periodischen) dreidimensionalen Muster angeordnet. Dieses bezeichnet man als *Kristallgitter* oder *Raumgitter*. Der kleinste Teil eines Raumgitters, der zur Beschreibung des Gitters des gesamten Kristalls genügt, heißt *Elementarzelle*. Man kann sich einen Kristall daher aus lükkenlos dreidimensional aneinandergefügten untereinander gleichen Elementarzellen aufgebaut vorstellen. Kristalle besitzen stets die gleiche Symmetrie wie ihre Elementarzelle. Sind die Elementarzellen absolut regelmäßig und ohne Störungen angeordnet, so resultiert daraus ein *Einkristall*. Die in der Natur vorkommenden Kristalle weisen meist eine Reihe von Störungen auf. Sie bestehen aus zahlreichen kleinen und kleinsten Einkristallen, den *Kristalliten*.

Bei Kristallgittern lassen sich – je nach ihrer Symmetrie – sieben verschiedene Anordnungen oder *Kristallsysteme* unterscheiden (Abb. S. 105).

Wir haben das hexagonale System in zwei symmetrisch verwandte Systeme unterteilt, nämlich in das eigentlich hexagonale System und in das rhomboedrische Kristallsystem. Bei der Wiedergabe der Kristallgitter haben wir rote Punkte benutzt, um die Zentren der Teilchen zu charakterisieren. Durch die Anordnung der Punkte in den Ecken der Elementarzellen haben wir sieben Punktgitter gewonnen. Wie anhand der untenstehenden kubischen Gitterformen demonstriert wurde, müssen die Punkte nicht obligatorisch nur an den Ecken der Elementarzellen zu finden sein:

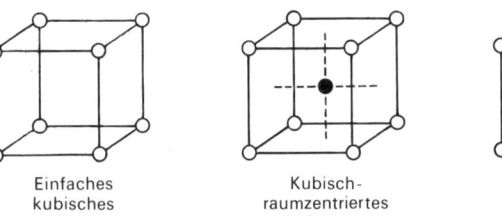

Einfaches
kubisches
Gitter

Kubisch-
raumzentriertes
Gitter

Kubisch-
flächenzentriertes
Gitter

Entsprechend existiert eine einfache monokline Elementarzelle und eine flächenzentrierte; eine einfache rhombische Elementarzelle, eine basisflächenzentrierte, eine innenzentrierte und eine allseitig flächenzentrierte; eine einfache tetragonale Elementarzelle und eine innenzentrierte. Insgesamt lassen sich also 14 in bezug auf Punktverteilung und Winkel unterscheidbare Elementarzellen herausstellen. Sie werden auch *Translationsgitter* oder nach dem französischen Kristallographen *A. Bravais* (1811–1863) *Bravaisgitter* genannt.

Kristallstrukturen von Metallen

Auf S. 88 ff wurde Näheres über die Bindungskräfte in Metallen erörtert. Das „Elektronengas" zwischen den Atomrümpfen im Metallgitter bewirkt, daß diese aufeinander

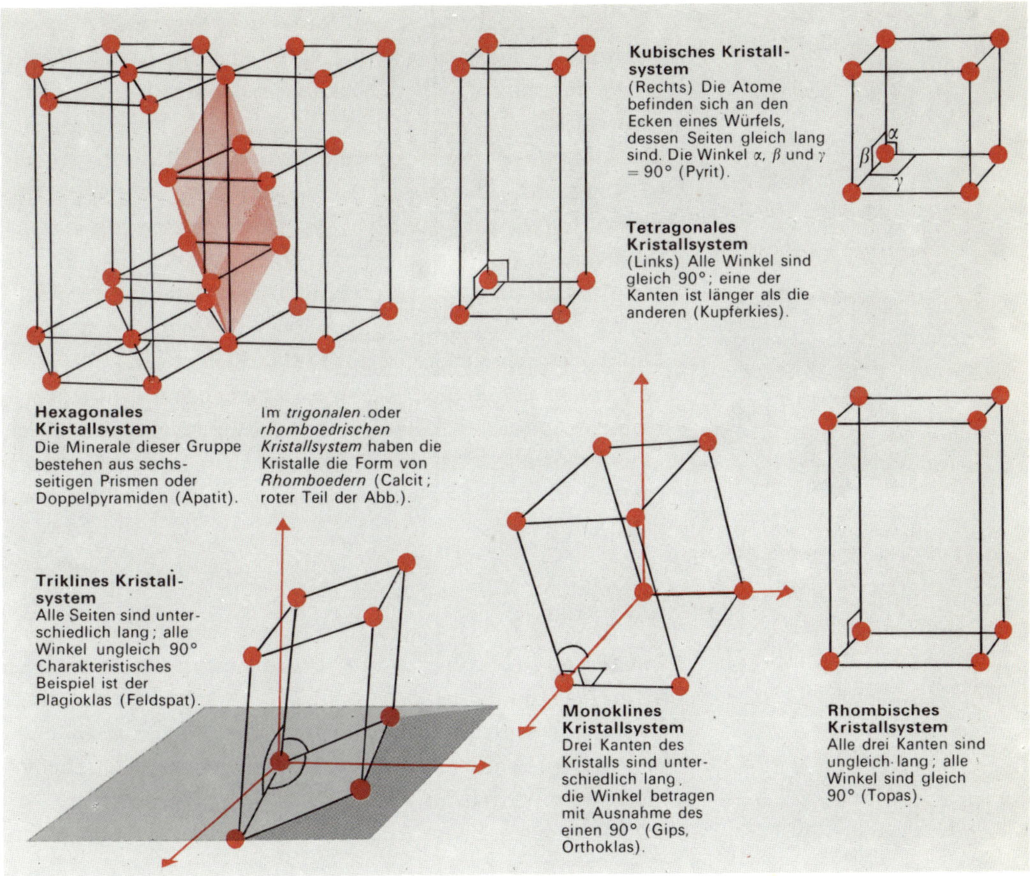

Kubisches Kristall-system
(Rechts) Die Atome befinden sich an den Ecken eines Würfels, dessen Seiten gleich lang sind. Die Winkel α, β und γ = 90° (Pyrit).

Tetragonales Kristallsystem
(Links) Alle Winkel sind gleich 90°; eine der Kanten ist länger als die anderen (Kupferkies).

Hexagonales Kristallsystem
Die Minerale dieser Gruppe bestehen aus sechs-seitigen Prismen oder Doppelpyramiden (Apatit).

Im *trigonalen* oder *rhomboedrischen Kristallsystem* haben die Kristalle die Form von *Rhomboedern* (Calcit; roter Teil der Abb.).

Triklines Kristall-system
Alle Seiten sind unter-schiedlich lang; alle Winkel ungleich 90° Charakteristisches Beispiel ist der Plagioklas (Feldspat).

Monoklines Kristallsystem
Drei Kanten des Kristalls sind unter-schiedlich lang, die Winkel betragen mit Ausnahme des einen 90° (Gips, Orthoklas).

Rhombisches Kristallsystem
Alle drei Kanten sind ungleich lang; alle Winkel sind gleich 90° (Topas).

keine unmittelbare Abstoßung ausüben. Daher kann jeder Atomrumpf jedem anderen benachbart sein. Weil darüber hinaus alle Atomrümpfe zumindest annähernd gleich groß sind, liegen sie als dichtgepackte Strukturen (*dichteste Kugelpackungen*) vor. Sie sind wie gleich große Kugeln angeordnet, die in einen Kasten gepackt und gut durchgerüttelt wurden. Solche dichtesten Kugelpackungen weisen die hohen Koordinationszahlen 8 und 12 auf; d. h., jeder Atomrumpf ist von 8 bzw. 12 Nachbaratomrümpfen umgeben.

Am verbreitetsten sind die im folgenden dargestellten drei Systeme.

Der Typ des kubisch raumzentrierten Gitters wird auch als *Wolframtyp* bezeichnet. Neben dem Wolfram kristallisieren nach diesem Typ auch die Metalle Chrom, Vanadin, Molybdän und α-Eisen, eine bei Zimmertemperatur stabile Modifikation des Eisens.

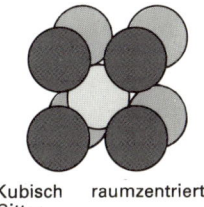

Kubisch raumzentriertes Gitter
Koordinationszahl: 8

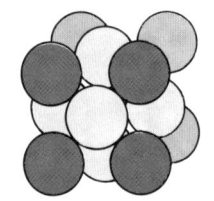

Kubisch flächenzentriertes Gitter
Koordinationszahl: 12

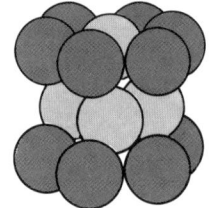

Hexagonal dichteste Kugelpackung
Koordinationszahl: 12

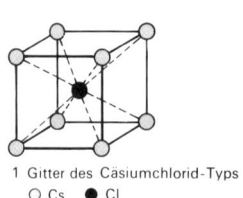

1 Gitter des Cäsiumchlorid-Typs
○ Cs ● Cl

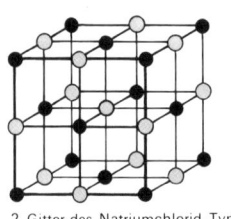

2 Gitter des Natriumchlorid-Typs
● Na ○ Cl

Das kubisch flächenzentrierte Gitter wird vom *Kupfertyp* bevorzugt, zu dem außer dem Kupfer auch die Metalle Gold, Silber, Aluminium, Blei, Nickel und das nur hochtemperaturbeständige γ-Eisen gehören.

Der *Magnesiumtyp* weist eine hexagonal dichteste Kugelpackung auf. Die Metalle, die nach dem Magnesiumtyp kristallisieren, sind duktiler (besser verformbar) als die des Wolframtyps und weniger duktil als die des Kupfertyps. Zum Magnesiumtyp gehören auch die Metalle Zink, Cadmium, Titan, Cobalt.

Die Strukturen weniger Metalle (z. B. Mangan und Quecksilber) lassen sich keinem der drei Gittertypen zuordnen.

Neben zahlreichen Metallen kristallisieren auch die Edelgase (wahrscheinlich außer Helium, dem leichtesten Edelgas) im kubisch flächenzentrierten Gitter und damit nach dem Kupfertyp.

Ionenkristalle

Ionengitter sind komplizierter strukturiert als die der Metalle, denn bei Ionenkristallen sind Teilchen unterschiedlicher Größe und gegensätzlicher Ladung vorhanden, die andererseits bezüglich ihrer Ladungszahl in einem genauen stöchiometrischen Verhältnis untergebracht werden müssen.

Im folgenden ist eine Auswahl der wichtigsten *Ionen-Kristallgittertypen* beschrieben:

Cäsiumchlorid-Typ: Die Chloridionen bilden ein einfaches kubisches Gitter, in dem die Cäsiumionen die kubischen Zwischenräume besetzen. Nach dem Cäsiumchlorid-Typ kristallisieren auch Cäsiumbromid, Cäsiumjodid, Thallium(I)chlorid, Thallium(I)bromid, Thallium(I)jodid, Ammoniumchlorid, Ammoniumbromid.

Natriumchlorid-Typ: Die Chloridionen kristallisieren im kubisch-flächenzentrierten Gitter, und die Natriumionen besetzen oktaedrische Zwischenräume. Nach dem Natriumchlorid-Typ kristallisieren auch die Halogenide (Fluoride, Chloride, Bromide, Jodide) des Lithiums, des Natriums, des Kaliums und des Rubidiums sowie die Oxide und Sulfide von Magnesium, Calcium, Strontium, Barium, des zweiwertigen Mangans und Nickels und ferner Silberfluorid, Silberchlorid, Silberbromid und Ammoniumjodid.

Wurtzit-Typ: Die Sulfidionen bilden, wie beim Natriumchlorid-Typ, ein kubisch-flächenzentriertes Gitter. Die Zink-

106

ionen besetzen jedoch nicht, wie etwa die Natriumionen im Natriumchlorid-Typ, die oktaedrischen Zwischenräume, sondern die tetraedrischen Zwischenräume. Da diese in doppelter Anzahl im Gitter vorhanden sind, werden sie nur zur Hälfte besetzt. Nach dem Wurtzit- oder Zinkblende-Typ kristallisieren auch die Sulfide des Berylliums, Zinks, Cadmiums, Quecksilbers, sowie Kupfer(I)chlorid, Kupfer(I)bromid, Kupfer(I)jodid, Silberjodid und Zinkoxid.

Rotnickelkies-Typ: Die Arsenid-Anionen spannen ein Oktaeder auf, in dessen Zwischenräumen die Nickelionen ein dreiseitiges Prisma bilden. Der Kristall bildet daher ein hexagonales Gitter. Wie der Rotnickelkies kristallisieren auch Magnetkies (FeS) und Jaipurit (CoS).

Fluorit-Typ: Die Calciumionen bilden ein kubisch-flächenzentriertes Gitter, in dem die Fluorid-Ionen sämtliche tetraedrischen Zwischenräume besetzen. Nach dem Fluorit-Typ kristallisieren die Fluoride des Calciums, Strontiums, Bariums, Cadmiums und zweiwertigen Bleis, ferner Bariumchlorid, Strontiumchlorid, Zirkoniumdioxid, Thoriumdioxid und Uraniumdioxid.

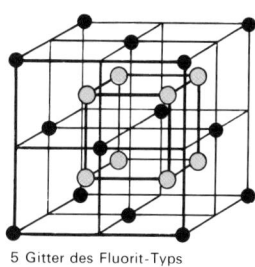

5 Gitter des Fluorit-Typs
● Ca ○ F

Antifluorit-Typ: Das Natriumoxid-Gitter entspricht dem Fluorit-Gitter, nur haben hier Anionen und Kationen die Plätze getauscht. Die Natriumionen besetzen sämtliche tetraedrischen Zwischenräume im kubisch-flächenzentrierten Gitter der Oxidionen. Im Antifluorit-Gitter kristallisieren die Oxide und Sulfide des Lithiums, Natriums, Kaliums, Rubidiums.

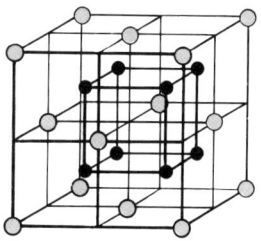

6 Gitter des Antifluorit-Typs
○ Na ● O

Silicat-Typen: Alle kristallisieren so, daß jeweils ein Siliciumion von vier Sauerstoffatomen tetraedrisch umgeben wird (vgl. S. 75). Nach der Anzahl der vorhandenen SiO_4-Tetraeder und deren Anordnung unterscheidet man

- *Insel-* oder *Neosilicate*, bei denen isolierte $[SiO_4]^-$-Tetraeder von positiven Ionen umgeben sind; z.B. im Zirkon ($ZrSiO_4$).

- *Gruppen-* oder *Sorosilicate*, bei denen zwei SiO_4-Tetraeder über eine Ecke verknüpft sind, z.B. Thortveitit ($Sc_2Si_2O_7$).

- *cyclische Silicate*, bei denen drei, vier oder sechs SiO_4-Tetraeder über je zwei Ecken zu einem ringförmigen Silicat verknüpft sind, z.B. Bentonit ($BaSi_3O_9$), Beryll ($Be_3Al_2Si_6O_{18}$).

- *Ketten-* oder *Inosilicate*, bei denen eindimensionale, unendliche Makromoleküle vorliegen.

Atomkristalle

Atomgitter sind einfacher gebaut als Ionengitter, da die Teilchen, welche die Kristalle aufbauen, elektrisch neutral sind und alle die gleiche Größe aufweisen.

Bei der Beschreibung beschränken wir uns auf zwei Typen.

Diamant-Typ: Die Elementarzelle bildet ein kubisch-flächenzentriertes Gitter, bei dem in den Mitten jedes zweiten Achtelwürfels zusätzlich je ein Kohlenstoffatom angeordnet ist. Daher ist jedes Kohlenstoffatom tetraedrisch von vier Nachbaratomen umgeben. Im Diamant-Typ kristallisieren neben dem Diamant (vgl. auch S. 75 u. Abb. 109) das elementare Germanium (Ge) und das elementare Silicium (Si).

Graphit-Gitter: Der Graphit bildet ein typisches Schichtgitter (vgl. auch S. 75 u. Abb. 109), in dem hexagonale „Waben" untereinander parallel angeordnet sind. Auch der schwarze Phosphor – eine besondere Modifikation des Elements Phosphor (P) – weist ein Schichtengitter auf, wobei die einzelnen Schichten jedoch keine Wabenstruktur zeigen. Auch die metallische Modifikation des Arsens (As), Antimons (Sb) und Wismuts (Bi) haben eine ähnliche kristalline Struktur wie der schwarze Phosphor.

5. Zusammenhänge zwischen den Eigenschaften von Stoffen und der Struktur von Teilchen

Allotropie ist die Bezeichnung für die Eigenschaft chemischer Elemente, in mehreren Modifikationen (d. h. in mehreren Kristalltypen) aufzutreten. Allotrope weisen bei quantitativ gleicher Zusammensetzung unterschiedliche physikochemische Eigenschaften auf. Stoffe, die in verschiedenen, wechselseitig ineinander überführbaren Modifikationen vorkommen, nennt man auch *enantiotrop*.

Es ist eines der wesentlichsten Anliegen moderner chemischer Forschung, die Zusammenhänge zwischen den Eigenschaften von Stoffen und der Struktur der ihnen zugrunde liegenden Teilchen aufzuzeigen. Bei näherer Betrachtung dieser Forschungsrichtung stellt es sich jedoch heraus, daß sich sehr viele Faktoren der Teilchenstruktur mit so unterschiedlichem Gewicht auf die Stoffeigenschaften auswirken, daß deren Ableitung aus der Struktur nur selten direkt möglich ist.

Eine Ausnahme bilden die allotropen Stoffe, wie z. B. die Modifikationen des Kohlenstoffs (Graphit und Diamant; vgl. Abb. rechts) oder des Phosphors (weißer, roter und schwarzer Phosphor) usw. Im Bereich makromolekularer Stoffe ist

Struktur und Eigenschaften

Graphit und Diamant

Kohlenstoff kommt in zwei verschiedenen Formen vor, als Graphit und als Diamant; deren Eigenschaften sind gegensätzlich. Graphit ist ein schwarzer, sehr weicher Stoff; der Diamant ist einer der härtesten Stoffe. Er ist farblos und stark lichtbrechend. Man verwendet Graphit für Bleistifte, Reißkohle und als Schmiermittel. Die Härte des Diamanten findet Anwendung in Schneid- und Bohrwerkzeugen. Man hebt seine Lichtbrechungskraft hervor, indem man ihn zu Edelsteinen schleift (Brillanten, Rosetten). Graphit und Diamant bestehen nur aus Kohlenstoffatomen, diese sind jedoch auf verschiedene Weise aneinander gebunden.

Im *Diamant* (unten) sind die Kohlenstoffatome miteinander durch Einfachbindungen in Richtung der Ecken eines Tetraeders verknüpft. Der Diamant stellt ein dreidimensionales Atomgitter dar.

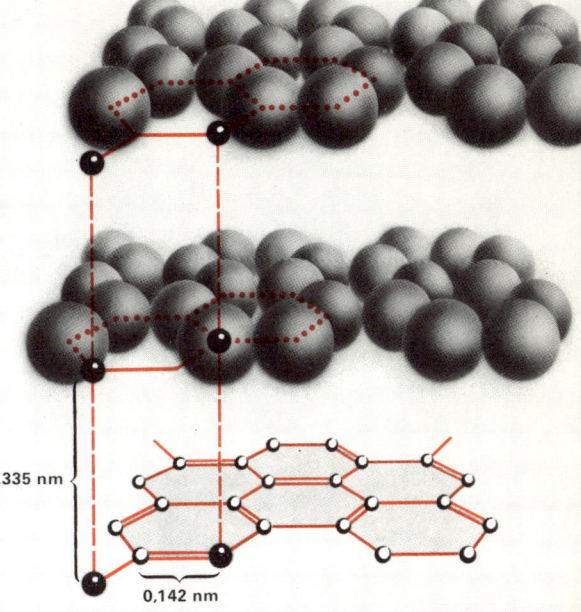

0,335 nm

0,142 nm

Im *Graphit* (oben) sind die Atome mit drei anderen Atomen in einer Ebene verbunden und bilden so Sechsecke. Die Bindungen zwischen den verschiedenen Schichten sind sehr schwach. Sie haben praktisch den Charakter von an der Waalsschen Kräften. Man kann jede Schicht als zweidimensionales Atomgitter ansehen. Ein Graphitkristall verformt sich leicht durch Verschiebung der Schichten gegeneinander.

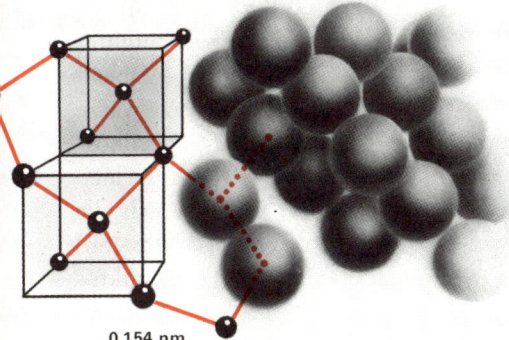

0,154 nm

man jedoch heute schon vielfach in der Lage, die Riesenmoleküle so zu „konstruieren", daß Kunststoffe (Plaste) mit speziell erwünschten Eigenschaften resultieren („Kunststoffe nach Maß").

6. Methoden und Verfahren zur Strukturaufklärung

Es würde den Rahmen dieses Buches sprengen, wollte man auf die Methoden und Verfahren der Strukturaufklärung auch nur stichwortartig eingehen. Daher wenden wir uns exemplarisch der *Spektroskopie*, der *Röntgenstrukturanalyse*, der *Kernresonanzspektroskopie* und der *Massenspektroskopie* zu. Diese Verfahren sind relativ neu, und sie sind bis heute die wesentlichsten geblieben zur Ermittlung der Struktur von Teilchen und Teilchenverbänden.

Die wesentlichen physikalischen Methoden der Strukturaufklärung sind nach *R. S. Nyholm*:
- Bestimmung der Molekülmasse,
- Bestimmung der molaren Leitfähigkeit,
- Potentiometrische Methoden,
- Magnetische Messungen,
- Bestimmung der elektrischen Suszeptibilität und des elektrischen Dipolmoments,
- Messung der Intensität evtl. auftretender optischer Aktivität,
- Spektroskopische Methoden,
- Röntgenstrahlen-Methoden,
- Elektronen- und Neutronenbeugung,
- Elektronenmikroskopie.

109

Grundlagen der Spektroskopie

Spektroskopische Messungen sind für die Ermittlung der Struktur von Teilchen besonders aufschlußreich, weil die Teilchen und Teilchenverbände durch die Absorption („Aufsaugen") und Emission (Abstrahlung) bestimmter elektromagnetischer Strahlung über ihre möglichen energetischen Zustände Auskunft geben. Die Aufzeichnung der Intensität der elektromagnetischen Strahlung (zu der auch das sichtbare Licht zählt) nennt man *Spektrum*. Das Gerät, mit dem ein Spektrum gewonnen werden kann, heißt *Spektroskop*. Mit dem *Spektrograph* läßt sich ein solches Spektrum gleich aufzeichnen. Licht, das nur aus bestimmten Frequenzen (oder Wellenlängen) besteht, ist daran zu erkennen, daß in einem Spektroskop eine Serie von einzelnen Spektrallinien sichtbar wird. Der Wissenschaftszweig, der sich mit diesen Erscheinungen befaßt, ist die *Spektroskopie*.

Aus den gesetzmäßigen Zusammenhängen zwischen den Wellenlängen verschiedener Spektrallinien entwickelten die Theoretiker der Chemie Formeln und entdeckten Gesetze, die ihrerseits von den Spektralanalytikern bestätigt wurden. Die Registrierung von Spektren (vgl. Abb. S. 35) mit Prismen- und Gitterspektrographen wird überwiegend auf photographischem Wege vorgenommen. Das zu vermessende Spektrum wird zusammen mit einem *Vergleichsspektrum* (meistens dem des Eisens) auf die photographische Platte projiziert, die in der Brennebene des Instruments angebracht ist. Die endgültige Vermessung der Spektrallinien wird mit Hilfe eines *Komparators* vorgenommen, mit dem man die unbekannten Spektrallinien mit den bekannten Spektrallinien des Eisens vergleicht.

Absorbiert ein Atom oder Molekül Energie, so wird es *angeregt*. Im Augenblick der Anregung findet eine Energieänderung des Atoms statt: die potentielle Energie eines der Elektronen erhöht sich. Das angeregte Atom gibt anschließend die aufgenommene Energie in Form von elektromagnetischer Strahlung dadurch wieder ab, daß das Elektron, das durch die Energieaufnahme in ein höheres Energieniveau gehoben wurde, wieder in ein niedrigeres Energieniveau zurückfällt. Jeden diskreten Energiebetrag (Quant), den das Atom absorbieren kann, kann es auch emittieren.

Die Anregung kann auf verschiedene Weise erfolgen, z. B. bei hoher Temperatur im elektrischen Feld eines Lichtbogens, in einer Gasentladungsröhre oder durch Absorption von elektromagnetischer Strahlung. Die Zeit, während der sich ein Atom im angeregten Zustand befindet, d. h. die Lebensdauer des angeregten Zustands, ist im allgemeinen sehr kurz, sie liegt in der Größenordnung von 10 Nanosekunden.

Einige Gase, die mit sichtbarem oder ultraviolettem Licht bestrahlt werden, zeigen während der Bestrahlung ein auffälliges Leuchten. Die dabei emittierte Strahlung ist in den meisten Fällen langwelliger (energieärmer), nie aber kurzwelliger (energiereicher) als die anregende Strahlung. Dieses Leuchten bezeichnet man als *Fluoreszenz*. Bei bestimmten Stoffen können sich die Elektronen für eine längere Zeit in einigen angeregten Zuständen befinden (metastabile Zustände, „Elektronenfallen"). Solche Stoffe zeigen noch längere Zeit nach Aufhören der Bestrahlung ein Nachleuchten, das als *Phosphoreszenz* bezeichnet wird.

Atom- und Molekülspektren

Die grundlegende Idee über den Zusammenhang zwischen der Struktur und dem Spektrum der Atome ist die, daß die Atome nur in ganz bestimmten (diskreten) stabilen Energiezuständen existieren können. Emission von Licht findet statt, wenn ein Atom von einem höheren in einen niedrigeren Energiezustand übergeht. Die entsprechende Energiedifferenz wird in Form von elektromagnetischer Strahlung frei: es wird ein Lichtquant emittiert (vgl. Abb. S. 34).

Bei vielen *Atomspektren* sind die Spektrallinien erheblich komplizierter als die des Wasserstoffatoms zusammengesetzt. Jede Feinstrukturkomponente kann mit modernen Spektrographen ihrerseits wieder in mehrere Komponenten aufgelöst werden, die äußerst dicht nebeneinanderliegen.

In Wellenlängeneinheiten ausgedrückt, ist die Entfernung zwischen den Spektrallinien einer Serie eines Atomspektrums relativ groß. So haben z. B. die vier sichtbaren Linien der *Balmer*-Serie des Wasserstoffs folgende Wellenlängen: 656 nm (rot), 486 nm (blaugrün), 434 nm (blau) und 410 nm (violett). Bei den schweren Atomen, die wesentlich kompliziertere Spektren aufweisen, ist es oft sehr schwierig, herauszufinden, welche Linien zu einer bestimmten Serie gehören, da sich die verschiedenen Serien teilweise überdecken.

Ein *Molekülspektrum* sieht völlig anders aus. Da seine Linien in gedrängten Gruppen auftreten, zeigt das Spektrum eine

Das Atomspektrum des Wasserstoffs wird in Teil I im Kapitel 4.1 und 4.2 beschrieben und ausgewertet.

auffällige *Bandenstruktur*. Jede Bande weist im allgemeinen eine scharfe und intensiv leuchtende Kante auf, von der aus die Lichtintensität kontinuierlich bis auf Null abnimmt (vgl. Abb. S. 35).

Jede Linie im Spektrum eines zweiatomigen Moleküls entsteht, ebenso wie die Spektrallinien von Atomen, durch quantisierte Energieänderungen des Moleküls. Das spezifische Aussehen eines Molekülspektrums beruht darauf, daß sich die Gesamtenergie des Moleküls aus drei Anteilen zusammensetzt. Die Elektronen existieren in verschiedenen Quantenzuständen, die im Bohrschen Modell verschiedenen Bahnen der Elektronen um die Kerne der Atome des Moleküls entsprechen. Jeder „Bahn" entspricht eine bestimmte potentielle Energie. Energieänderungen des Moleküls können so z. B. durch Bahnwechsel (Quantensprung) der Elektronen stattfinden. Es ist der gleiche Vorgang wie bei den Emissions- bzw. Absorptionsprozessen eines Atoms. Beim Molekül kommen jedoch noch zwei weitere Formen der Energieänderung vor. Die Atomkerne, aus denen sich ein Molekül zusammensetzt, stehen aufgrund ihrer Kraftfelder derart in Wechselwirkung miteinander, daß die Kerne an eine Gleichgewichtslage gebunden sind, d. h. im Mittel einen bestimmten Abstand voneinander haben. Das heißt jedoch nicht, daß die Kerne in ihren Gleichgewichtslagen in Ruhe sind. Sie führen vielmehr ständig Schwingungen um die Gleichgewichtslage aus. Die in den Schwingungen steckende *Schwingungsenergie* ist ebenfalls wie die „Elektronenenergie" gequantelt und liefert einen Beitrag zur Gesamtenergie des Moleküls. Die Atomkerne eines Moleküls können aber nicht nur gegeneinanderschwingen, sondern sich auch um ihren gemeinsamen Schwerpunkt drehen. Die in dieser Bewegung enthaltene *Rotationsenergie* ist ebenfalls gequantelt und stellt den dritten Beitrag zur Gesamtenergie (vgl. Abb. S. 113).

Die „Elektronenenergie" geht bei weitem am stärksten in die Energiebilanz des Moleküls ein. Eine Größenordnung niedriger liegt der Beitrag der Schwingungsenergie, eine weitere Größenordnung niedriger der der Rotationsenergie. Das Energiediagramm eines Moleküls setzt sich also zusammen aus den Energieniveaus der Elektronen (Elektronenzustände), die in verschiedene Schwingungsniveaus „aufgespalten" sind. Um jedes Schwingungsniveau gruppiert sich eine Serie von Rotationsniveaus.

Aus den drei verschiedenen Möglichkeiten eines Moleküls,

112

Molekülspektrum

In einem zweiatomigen Molekül kommen drei Energiearten vor (rechts): Die *Elektronenenergie* ist die potentielle Energie der Elektronen in einem bestimmten Zustand; die *Schwingungsenergie* ist in den Schwingungsbewegungen der beiden Atomkerne enthalten. Die um ihren gemeinsamen Schwerpunkt rotierenden Kerne liefern durch ihre Bewegung den dritten Beitrag zur Gesamtenergie, die *Rotationsenergie*. Diese Energieformen weisen sämtlich diskrete Energiewerte auf, die *Energieniveaus*. Aufgrund dieser drei verschiedenen Energiearten ist das Energiediagramm für das Molekül wesentlich komplizierter als für das Atom. Da bei jedem Übergang von einem höheren auf ein niedrigeres Energieniveau Licht einer bestimmten Wellenlänge emittiert wird, besteht das Molekülspektrum aus sehr viel mehr Emissionslinien als das Atomspektrum.

Die Elektronenenergie ist vom Abstand der Kerne abhängig. Unten sind die Energiekurven von zwei verschiedenen Elektronenniveaus wiedergegeben: Für jeden Elektronenzustand kann das Molekül verschiedene Schwingungszustände annehmen, wie z. B. $v = 0, 1, 2, 3$ usw. (v ist die Schwingungsquantenzahl). Bei den Kernschwingungen ändert sich der Kernabstand zwischen den Extremwerten A und B. Jede Schwingungsenergie kann mit verschiedenen Rotationsenergien kombiniert werden. Jedes Schwingungsniveau ist in mehrere Rotationsniveau ($J = 0, 1, 2$ usw.; J = Rotationsquantenzahl) »aufgespalten«. In der Abb. unten ist J für $v'' = 1$ im niedrigeren Schwingungszustand und für $v' = 1$ im oberen Schwingungszustand wiedergegeben. Die Abstände zwischen den Rotationsniveaus sind wesentlich kleiner als die zwischen den Schwingungsniveaus. Letztere sind ihrerseits klein im Vergleich zu denen zwischen den Elektronenniveaus.

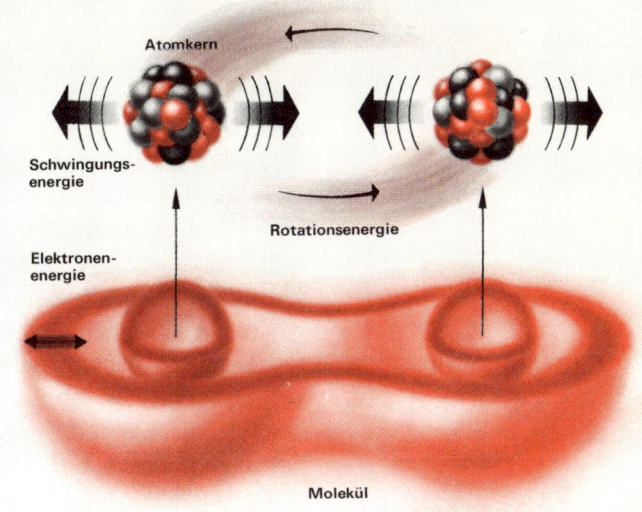

Atomkern

Schwingungsenergie

Rotationsenergie

Elektronenenergie

Molekül

Ein Energiesprung kann zwischen den Schwingungsniveaus im oberen Elektronenzustand und jedem beliebigen Schwingungsniveau im unteren Elektronenzustand stattfinden. Die Energieänderungen unterscheiden sich nur durch die verschiedenen Rotationsenergien und rufen Emissionslinien eng benachbarter Frequenzen hervor; diese Linien erscheinen im Spektrum als eine *Bande*. Jede Kombination eines höheren Schwingungszustands mit einem niedrigeren ruft eine Bande hervor; ihre Gesamtheit bildet das *Bandensystem*, das zu den beiden Elektronenzuständen gehört. Die verschiedenen Banden sind ihren Schwingungszuständen (Quantenzahlen) entsprechend numeriert. Als Beispiel ist die Entstehung der 1–1 Bande gezeigt. Für die Energieübergänge gilt die Auswahlregel, daß die Änderung $\Delta J = J' - J''$ der Rotationsquantenzahl nur —1, 0 oder +1 sein kann. In einigen Fällen — wie auch hier — entspricht $\Delta J = 0$ einem verbotenen Übergang. Die Linien, für die $\Delta J = +1$ ist, bilden den *R-Zweig*, diejenigen, für die $\Delta J = -1$ ist, den *P-Zweig* der Bande; wenn $\Delta J = 0$ möglich ist, tritt der *Q-Zweig* auf.

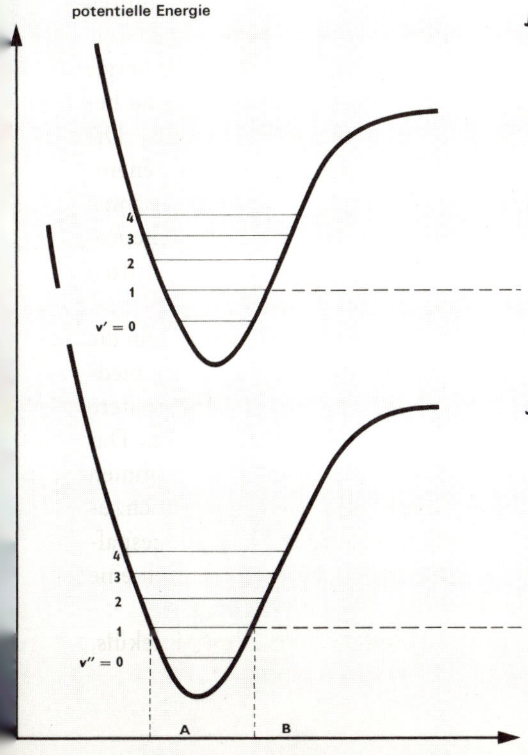

potentielle Energie

4
3
2
1

$v' = 0$

4
3
2
1

$v'' = 0$

A   B

Abstand zwischen den Kernen

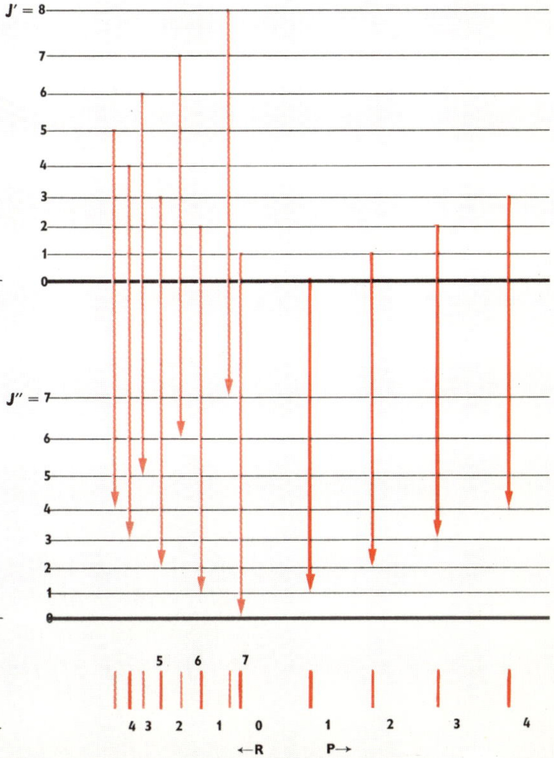

$J' = 8$

7
6
5
4
3
2
1
0

$J'' = 7$

6
5
4
3
2
1
0

5   6   7

4 3 2   1   0   1   2   3   4

←R   P→

Linien der 1–1 Bande

seine Energie zu ändern, ist die Kompliziertheit des Molekülspektrums zu erklären, das sich aus Bandensystemen (sie entsprechen den Energieänderungen der Elektronen) zusammensetzt, von denen jedes aus einer Vielzahl von Banden, die
den verschiedenen Änderungen der Schwingungsenergie entsprechen, besteht. Änderungen der Rotationsenergie des
Moleküls manifestieren sich im Spektrum dadurch, daß jede
Bande aus einzelnen Linien besteht.
Die Theorie der Energiezustände eines zweiatomigen Moleküls und seines Spektrums ist weiterentwickelt worden und
konnte experimentell bestätigt werden. Struktur und Energiezustände mehratomiger Moleküle sind hingegen noch
nicht so genau erforscht.

Die Mikrowellenspektroskopie

Die *Spektralanalyse* hat sich zu einer wichtigen Untersu-
chungsmethode entwickelt, da sie zahlreiche Anwendungs-
möglichkeiten bietet. Man verwendet sie hauptsächlich zur
Bestimmung der Energieniveaus der Elektronen in Atomen
und Molekülen. Die Untersuchung des Rotationsspektrums
im infraroten Spektralbereich und im Mikrowellenbereich ist
die genaueste Methode zur Bestimmung der Atomabstände
in den Molekülen.
Bei der Spektralanalyse mißt man oft die *Änderung der Intensität* elektromagnetischer Strahlung, die man eine Probe
durchqueren läßt. Absorbiert die Probe einen Teil der Strahlung bei bestimmten Wellenlängen, so wird die Strahlungsin-
tensität beim Durchdringen der Probe geschwächt. Dieser
Vorgang ist mit Hilfe von Photozellen, Thermoelementen
oder Detektoren in den verschiedenen Wellenlängenberei-
chen meßbar.
Die elektromagnetische Strahlung wird nach ihren Wellen-
längenbereichen in verschiedene Gruppen eingeteilt. Die
längsten Wellenlängen sind die der Radiowellen; sie reichen
von einigen Kilometern bis zu einigen Metern. *Mikrowellen*
umfassen den Bereich von einigen Dezimetern bis zu einigen
Millimetern Wellenlänge. Mikrowellen werden zur *Untersuchung der Rotation freier Gasmoleküle* herangezogen. Zwischen 50 und 1 μm liegt das Infrarot. Das Absorptionsspektrum dieses Gebiets ist auf Atomschwingungen in den
Molekülen zurückzuführen. Mit diesen Wellenlängen versucht man, die Struktur organischer Verbindungen zu be-

Infrarotspektroskopie

Bei dieser Methode wird die Analysenprobe unsichtbarer elektromagnetischer Strahlung größerer Wellenlänge ausgesetzt, die im infraroten Spektralbereich liegt. Man bestimmt die Wellenlängen, die durch die Probe absorbiert werden. Die Methode wird angewendet, um den Aufbau organischer Moleküle zu bestimmen; die verschiedenen Atomgruppen in organischen Verbindungen absorbieren infrarote Strahlen bestimmter Wellenlänge, die für sie charakteristisch sind. Ihnen benachbarte Gruppen beeinflussen die Absorption nicht wesentlich, so daß Atomgruppen in einem Molekül durch Infrarotspektroskopie leicht nachgewiesen werden können.

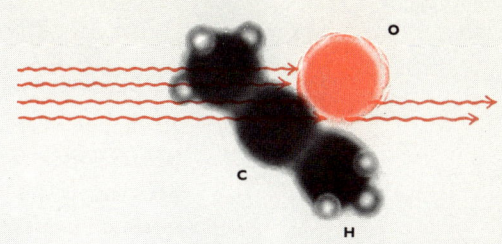

Absorption von Strahlung (oben). Treffen z. B. Strahlen der Wellenlänge 5,86 μm auf ein Acetonmolekül, so entspricht die Energie dieser Strahlung gerade dem Betrag, der notwendig ist, um die Atome in der Carbonylgruppe des Acetonmoleküls in einen höheren Energiezustand zu bringen. Ein Teil der Strahlen wird deshalb absorbiert und regt die Atome zu erhöhten Schwingungsbewegungen an, so daß die Strahlung von 5,86 μm die Probe mit verminderter Intensität verläßt. Man kann die Absorption mit einem Thermoelement messen. Wird Absorption bei 5,86 μm festgestellt, so ist nachgewiesen, daß die Probe mindestens eine Verbindung mit einer oder mehreren Carbonylgruppen enthält.

Die Abb. zeigt die Struktur einer kompliziert zusammengesetzten Verbindung, das basische Aluminiumsalz einer Fettsäure als Assoziationskomplex in organischem Milieu. Die Pfeile zeigen, bei welchen Wellenlängen die verschiedenen Gruppen absorbieren.

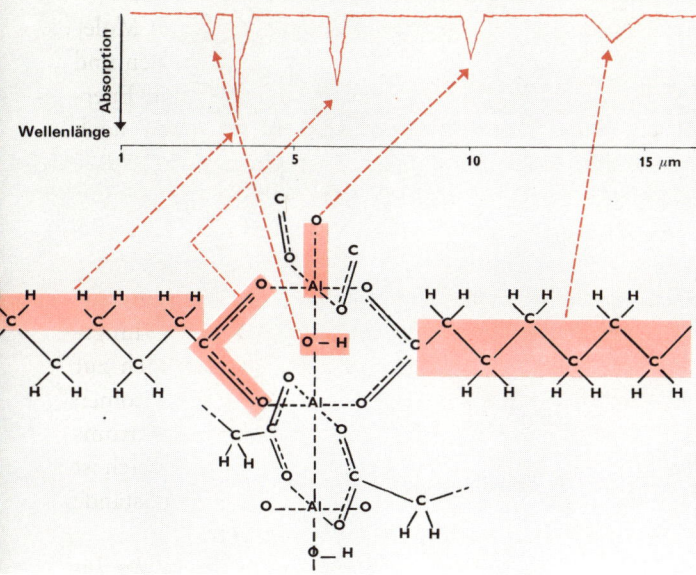

stimmen, die als verdünnte Gase vorliegen müssen. Die Absorptionsfrequenzen liefern über die Beziehung $E = h \cdot \nu$ (vgl. S. 26) direkt die Energiedifferenz zwischen den einzelnen Rotationsniveaus. Die verschiedene Lage dieser Niveaus bei den unterschiedlichen Arten von Molekülen ist durch Trägheitsmomente bestimmt. Aus dem Mikrowellenspektrum kann man also Trägheitsmomente und damit die Abstände der Atomkerne in einem Molekül und auch die Bindungswinkel bestimmen. Aufgrund der Absorption im Mikrowellenbereich lassen sich auch die Dipolmomente von Teilchen recht genau ermitteln.

Die Infrarotspektroskopie

Die *Infrarotspektroskopie* besitzt besondere Bedeutung für die Strukturaufklärung organischer Verbindungen. *Atomgruppen organischer Verbindungen* absorbieren Strahlen be-

115

stimmter Wellenlängen, wobei diese Wellenlängen keine wesentliche Verschiebung durch die Anwesenheit anderer benachbarter Gruppen erfahren. Man kann deshalb dem Spektrum direkt entnehmen, ob die untersuchte Verbindung eine Carbonsäure, ein Aldehyd, ein Kohlenwasserstoff usw. ist. Man kann auch feststellen, ob die Kohlenwasserstoffe aus linearen oder verzweigten Ketten bestehen und ob cyclische, aliphatische, aromatische usw. Verbindungen vorliegen.

Die Ultraviolettspektroskopie

Die *Ultraviolettspektroskopie* wird im allgemeinen im Bereich zwischen 100 und 400 nm durchgeführt, in dem die Elektronen *konjugierter Doppelbindungen* und *aromatischer Systeme* angeregt werden. Sie wird besonders zur Charakterisierung und Bestimmung isomerer Substanzen der genannten Verbindungsarten herangezogen.

Alle spektroskopischen Methoden liefern Aussagen, die man jedoch nur zusammen mit Ergebnissen anderer analytischer Verfahren auswertet.

Die Röntgenstrukturanalyse

Die *Röntgenstruktur-* oder *Kristallstrukturanalyse* ist ein Verfahren zur Bestimmung der Atomanordnung in Kristallen und Makromolekülen. Röntgenstrahlen haben eine noch kürzere Wellenlänge als UV-Strahlung. Die Wellenlängen dieser ebenfalls elektromagnetischen Strahlung liegen bei 10^{-3} bis 10 nm und damit in der Größenordnung von Atomabständen in Kristallgittern und in Makromolekülen. Man kann daher mit Hilfe von Röntgenstrahlen von Kristallgittern fester Stoffe *Interferenzmuster* erzeugen (vgl. Abb. S. 118).
Mit einem hohen Maß an Erfahrung kann man aus dem Interferenzmuster das Kristallgitter sehr genau rekonstruieren.
Röntgenstrahlen entstehen, wenn ein Metall einem intensiven Elektronenbeschuß ausgesetzt wird. Da diese elektromagnetische Strahlung Wellenlängen im Nanometerbereich besitzt, kann man durch Streuung dieser Strahlen an Atomen die Anordnung von Atomen in einer Struktur ermitteln (Kristallgitterinterferenzen). Die Röntgenstrukturanalyse hat sich in den letzten 60 Jahren rasch entwickelt. Mit dieser Methode hat man die Struktur auch kompliziert aufgebauter organischer Moleküle aufklären können. So ist z. B. von

Streuung von Röntgenstrahlen

Um den Abstand zwischen Atomen in einem Festkörper zu bestimmen, verwendet man elektromagnetische Strahlung, deren Wellenlänge kürzer ist als der Atomabstand. Da Atomabstände in der Größenordnung von Nanometern liegen, verwendet man Röntgenstrahlen.

Durchquert ein Röntgenstrahl einen Kristall, so wird er abgelenkt. Ein Kristall wirkt wie ein dreidimensionales Gitter, da er ein Körper ist, der sich durch regelmäßige Anordnung seiner Bausteine auszeichnet und in dem die Elektronenhüllen der Atome Röntgenstrahlen streuen.

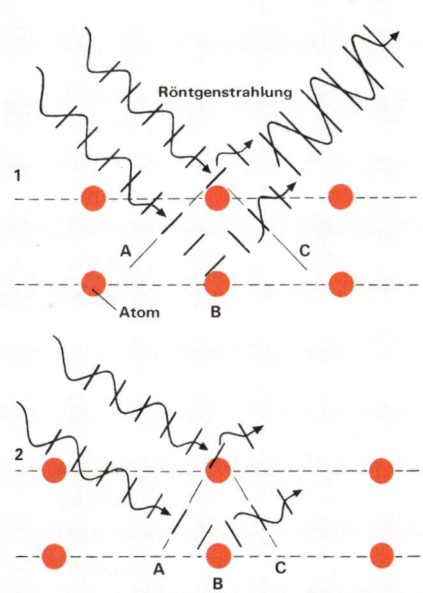

st der Atomabstand von der gleichen Größenordnung wie die Wellenlänge, so tritt *Interferenz* auf, d. h., die an den Gitterebenen (Netzebenen) gestreuten Strahlen werden sich gegenseitig verstärken oder abschwächen, und zwar werden sie sich maximal verstärken, wenn der Gangunterschied zwischen ihnen — in der Abb. durch die Strecke ABC charakterisiert — ein geradzahliges Vielfaches der halben Wellenlänge beträgt (1); sie werden sich auslöschen, wenn der Gangunterschied eine halbe Wellenlänge oder ein ungeradzahliges Vielfaches davon beträgt (2).

Man nimmt die Reflexe, die der Kristall liefert, auf einer photographischen Platte auf, die hinter dem Kristall angebracht wird. Will man den Atomabstand bestimmen, ist man auf Röntgenstrahlen einer einheitlichen, bekannten Wellenlänge angewiesen. Damit die Bedingungen geschaffen werden, bei denen sich die Strahlen gerade maximal verstärken oder auslöschen, muß man den Einfallswinkel der Strahlung, den sog. Glanzwinkel, verändern oder den Kristall im Strahlengang drehen. Eine andere Möglichkeit ist, Kristallpulver zur Strukturanalyse zu verwenden, in dem kleine Kristalle von vornherein in allen möglichen Lagen vorhanden sind. Man erhält ein Beugungsbild, aus dem n Hand der bekannten Wellenlänge der Röntgenstrahlung die Kristallstruktur und die Gitterkonstante berechnet werden können.

Die Streuung von Röntgenstrahlen ermöglicht es, auch Strukturen großer, kompliziert aufgebauter Moleküle zu bestimmen. Rechts ist ein Teil des Myoglobinmoleküls dargestellt, das im Muskel Sauerstoff speichert. Im unteren Teil des Bildes ist die spiralförmige Hauptkette des Proteins mit den einzelnen Atomen als Ausschnitt wiedergegeben. Das rote Atom im oberen Teil des Bildes ist ein Eisenatom, das ein Sauerstoffatom binden kann. Um die Struktur des Myoglobins aufklären zu können, mußten etwa 250 000 Reflexe auf photographischen Platten ausgemessen werden.

Röntgenstrahlung

1

A — C

Atom — B

2

A — B — C

Eisenatom

Hauptkette

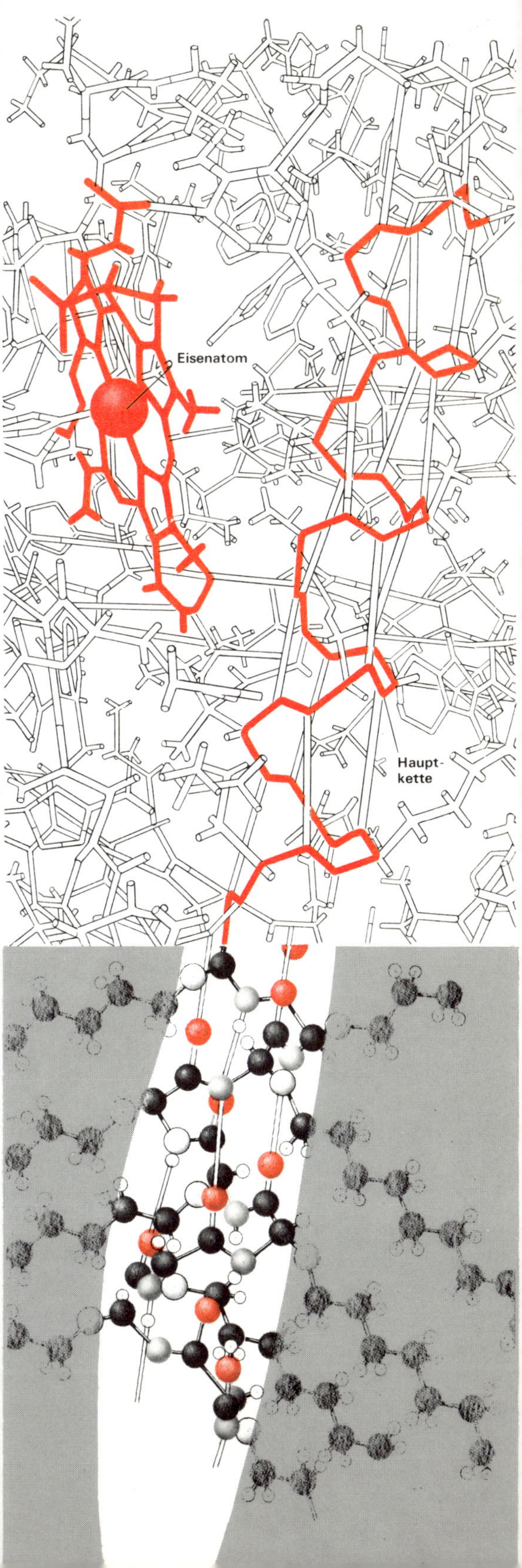

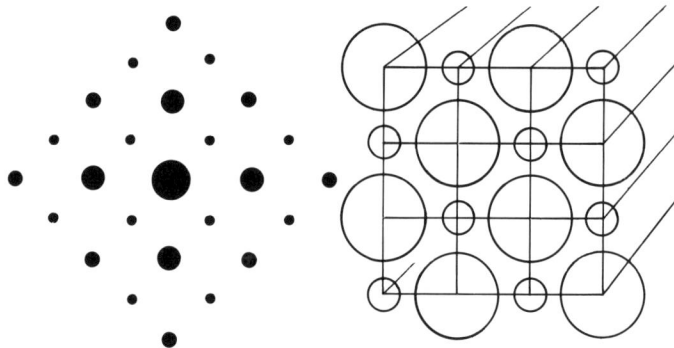

Interferenzmuster aufgrund der
Beugung von Elektronenstrahlen
an einem Kochsalzkristall (NaCl)

Rekonstruktion des Kochsalzgitters
aufgrund des Interferenzmusters.

einigen Proteinen wie dem Myoglobin, deren Polypeptid-
kette eine bestimmte räumliche Struktur aufweist, in mühe-
voller Arbeit die Gestalt des Moleküls (Kettenkonformation)
erforscht worden (vgl. Abb. S. 117).
Die Streuung von Röntgenstrahlen wird im wesentlichen
durch die Elektronenhülle eines Atoms, d. h. von ihrer Größe
und Konfiguration, beeinflußt. Das Wasserstoffatom hat eine
zu kleine Elektronenhülle, um es mit dieser Methode nachweisen zu können. In diesem Fall verwendet man *Neutronen-
strahlen*. Diese werden durch den Aufbau und die Größe des
Atomkerns beeinflußt. Das Wasserstoffatom wirkt auf Neu-
tronenstrahlen stärker ein als z. B. das Kobaltatom. Bei den
Röntgenstrahlen beobachtet man eine umgekehrte Abhängigkeit, weil die Streuung hier an den Elektronen erfolgt. Das
Wasserstoffatom beeinflußt sie praktisch nicht, während das
Kobaltatom sie stark streut.

Die Kernresonanzspektroskopie

Die *Kernresonanzspektroskopie (NMR-Spektroskopie; Nu-
clear Magnetic Resonance)* erlaubt einen speziellen Einblick
in die Zahl und Anordnung von (insbesondere wasserstoff-
atomreichen) Atomgruppen im Molekül.
Manche Atomkerne besitzen ein *magnetisches Moment*. Ein
von außen angelegtes Magnetfeld, das von einem weiteren
von außen angelegten magnetischen Wechselfeld überlagert
wird, kann einen Atomkern mit magnetischem Moment
„aufschaukeln". Dabei können die Atomkerne zwei energetisch verschiedene Lagen einnehmen. Das „Umwechseln" des

Atomkerns aus der energieärmeren in die energiereichere Lage läßt sich aus der absorbierten Wellenlänge elektromagnetischer Wellen schließen, die man zusätzlich einstrahlt. Die Atomkerne von Kohlenstoff und Sauerstoff besitzen kein magnetisches Moment; die des Wasserstoffs sind hingegen wegen ihres Moments für den Strukturanalytiker interessant. Beispielsweise findet man im *NMR-Spektrum* des Methans nur ein einziges Resonanzsignal *(Peak)*. Daraus folgt, daß alle Wasserstoffatome im Methan in gleicher Weise gebunden sind und somit dieselbe „Elektronen-Umwelt" aufweisen (vgl. S. 75). Die Kernresonanzspektren von Butan und Isobutan zeigen, wie empfindlich das Verfahren Strukturunterschiede von Substanzen mißt.

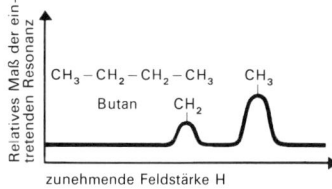

NMR-Spektrogramme von n-Butan und Isobutan

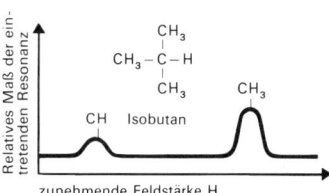

Die Massenspektroskopie

Die Masse von Teilchen in der Größenordnung von Atomen bestimmt man heute mit dem *Massenspektrographen*, dessen Arbeitsprinzip hier nur angedeutet sei:
In einer Ionenquelle wird die zu untersuchende Substanz verdampft und die entstehenden Teilchen in positive Ionen umgewandelt. Diese werden beim Durchlaufen eines starken elektrischen Feldes zwischen Ionenquelle und Ablenkelektrode beschleunigt. Im elektrischen Feld zwischen den

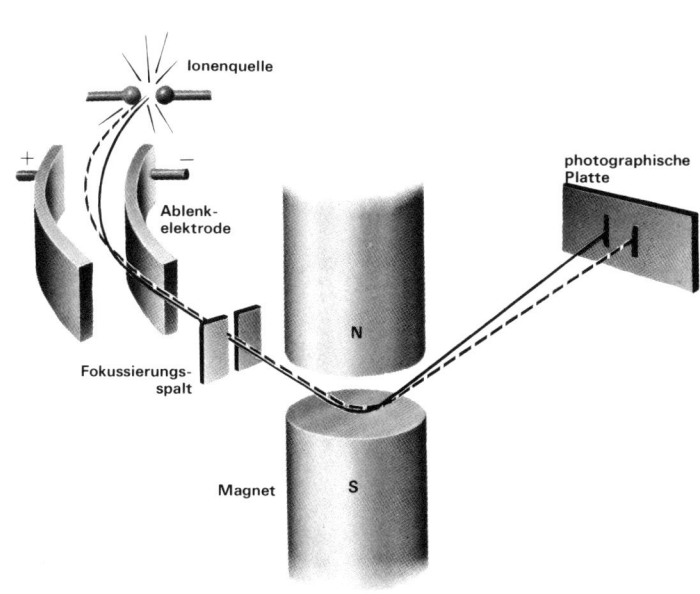

Ablenkelektroden, werden sie aus ihrer ursprünglichen Bahn abgelenkt.

Da die Ionen verschiedene Geschwindigkeiten besitzen, erfahren sie eine verschieden große Ablenkung. Der Fokussierungsspalt sondert die Ionen mit gleicher Geschwindigkeit aus. Die Ablenkung der Ionen im Magnetfeld hängt nur vom Verhältnis der Ladung zur Masse der Ionen, also von e/m (vgl. S. 14), ab. Die leichten Teilchen (schwarze Linie) werden, wenn sie gleiche Ladung besitzen, stärker abgelenkt als die schweren (unterbrochene Linie). Nach Durchlaufen des Magnetfeldes treffen die Ionen auf eine Photoplatte, die an den Auftreffstellen geschwärzt wird. Die Schwärzung ist ein Maß für die relative Anzahl der Atome eines bestimmten Isotops.

Literaturhinweise

A. Einführende, kurzgefaßte Lehrbücher:
Autorenteam: Chemical Bond Approach Project. Mc Graw Hill, London – New York – Toronto 1964, 772 S.

Buß, V., H. tom Dieck, J. Rudolph: Einführung in die Chemie, Teil 1. Verlagsgesellschaft Schulfernsehen, Köln 1975, 190 S.

Campbell, J. A.: Allgemeine Chemie. Verlag Chemie, Weinheim 1975, 1221 S.

Christen, H.-R.: Atommodelle – Periodensystem – Chemische Bindung. Diesterweg-Salle, Frankfurt/Main 1972, 140 S.

Dewar, M. J. S.: Einführung in die moderne Chemie. Fr. Vieweg, Braunschweig 1970, 230 S.

Eckhardt, H.: Aufbau und Struktur der Atomhülle – Periodensystem und Bindung. E. Klett, Stuttgart 1974, 131 S.

Gillespie, R. J.: Molekülgeometrie. Verlag Chemie, Weinheim 1975, 232 S.

Gutmann V. u. E. Hengge: Allgemeine und Anorganische Chemie. Verlag Chemie, Weinheim 1975, 397 S.

Mortimer, Ch. E.: Chemie. G. Thieme, Stuttgart 1973, 713 S.

Pauling, L.: Grundlagen der Chemie. Verlag Chemie, Weinheim 1973, 843 S.

Stieger, A.: Atom – Bindung – Reaktion. Salle, Frankfurt/Main 1965, 127 S.

B. Weiterführende und vertiefende Literatur, mit Literaturverzeichnissen, die zu Spezialarbeiten führen:
Autorenteam: Kleine Enzyklopädie Atom – Struktur der Materie. Verlag Chemie, Weinheim 1970, 952 S.

Autorenteam: NMR-Spektroskopie. Verlag Chemie, Weinheim 1973.

Barret, J.: Die Struktur der Atome und Moleküle. Verlag Chemie, Weinheim 1973, 348 S.

Barrow, G. M.: Physikalische Chemie, Teil II: Aufbau und Eigenschaften der Kerne, Atome und Moleküle. Fr. Vieweg, Braunschweig 1970, 272 S.

Barry, J. M. u. E. M. Barry: Die Struktur biologisch wichtiger Moleküle. G. Thieme, Stuttgart 1971, 197 S.

Bingel, W. A.: Theorie der Molekülspektren. Verlag Chemie, Weinheim 1967, 205 S.

Cohen, B. L.: Struktur des Atomkerns. Goldmann-Verlag, München 1970, 106 S.

Cooper, D. G.: Das Periodensystem der Elemente. Verlag Chemie, Weinheim 1972, 136 S.

Coulson, C. A.: Die chemische Bindung. S. Hirzel, Stuttgart 1969, 382 S.

Greenwood, N. N.: Ionenkristalle, Gitterdefekte und Nichtstöchiometrische Verbindungen. Verlag Chemie, Weinheim 1973.

Gunstone, F. D.: Lehrprogramm Stereochemie. Verlag Chemie, Weinheim 1975, 130 S.

Heilbronner, E. u. H. Bock: Das HMO-Modell und seine Anwendung. Verlag Chemie, Weinheim 1968–70, 3 Bde., 404, 452, 270 S.

Kettle, S. F. A.: Koordinationsverbindungen. Verlag Chemie, Weinheim 1972, 245 S.

Lieser, K.-H.: Einführung in die Kernchemie. Verlag Chemie, Weinheim 1969, 720 S.

Ormerod, M. B.: Struktur und Eigenschaften chemischer Verbindungen – Eine Einführung mit Modellen. Verlag Chemie, Weinheim 1973.

Pauling, L.: Die Natur der chemischen Bindung. Verlag Chemie, Weinheim 1968, 620 S.

Preuss, H.-W.: Quantenchemie für Chemiker. Verlag Chemie, Weinheim 1972, 158 S.

Price, Ch.: Die räumliche Struktur organischer Moleküle. Verlag Chemie, Weinheim 1973.

Schuster, P.: Ligandenfeldtheorie. Verlag Chemie, Weinheim 1973, 192 S.

Seel, F.: Atombau und chemische Bindung. Ferdinand Enke Verlag, Stuttgart 1973, 118 S.

Spice, J. E.: Chemische Bindung und Struktur. Fr. Vieweg, Braunschweig 1971, 297 S.

Weitkamp, H. u. R. Barth: Infrarot-Strukturanalyse. G. Thieme, Stuttgart 1972, 83 S.

Williams, D. A. u. J. Fleming: Spektroskopische Methoden in der organischen Chemie. G. Thieme, Stuttgart 1971, 346 S.

Bildnachweis
Bildtafeln: © Focus International Book Production, Stockholm.
Fotos und Zeichnungen: Bildarchiv Herder

Register

So beurteilt die Fachkritik die bisher erschienenen Bände

studio visuell

Peter Emschermann · Entwicklung

Grundlagen – Erkenntnisse der tierischen
Fortpflanzung und Ontogenie
2. Auflage

„In diesem Falle geht es um einen wissenschaftlichen, aber allgemeinverständlichen und exemplarisch geleisteten Einblick in die Entwicklungswissenschaften im weitesten Sinne, um die allgemeine Fortpflanzungslehre, die Entwicklungsgeschichte und die Entwicklungsphysiologie."

Hamburger Lehrerzeitung

Dieter Heß
Entwicklungsphysiologie der Pflanzen

„... kann ich Ihnen nach Durchsicht des Buches und gezielten Leseproben mitteilen, daß sowohl in Aufbau, Informationsgehalt, Verarbeitung neuester wissenschaftlicher Erkenntnisse als auch hinsichtlich der Darstellung und der Ausstattung dem Autor und dem Verlag aufrichtig zu gratulieren ist..."

Professor Dr. W. Larcher
Institut für Allgemeine Botanik der Universität Innsbruck

Dieter Heß · Genetik

Grundlagen – Erkenntnisse – Entwicklungen
der modernen Vererbungsforschung
4. Auflage

„Der Band präsentiert sich wirklich prächtig, insbesondere ist die reichhaltige und didaktisch auffallend geschickte Illustration hervorzuheben. Dem Band darf ohne Einschränkung weite Verbreitung gewünscht werden."

Direktor Professor Dr. Oswald Hess
Institut für Allgemeine Biologie, Universität Düsseldorf

Jürg Lamprecht · Verhalten

Grundlagen – Erkenntnisse – Entwicklungen der Ethologie
5. Auflage

„Das Buch belehrt durch Anschauung der Wissenschaft. Darum ist es für Schüler der Oberstufen, für Studenten und selbstverständlich auch für den Fachlehrer ein ebenso interessantes wie effektives Lehrbuch."   *Neue Zürcher Zeitung*

Günther Osche · Evolution

Grundlagen – Erkenntnisse – Entwicklungen der Abstammungslehre
6. Auflage

„... vor allem ist bemerkenswert, daß der Autor die Evolutionstheorie als eine Synthese von Erkenntnissen aus den verschiedenen Gebieten der Biologie als Evolutionstheorie verständlich macht. So kommen neben anderen die Fachgebiete Genetik, Ökologie, Physiologie und Tiergeographie zu Wort."
Die bayerische Realschule, München

Günther Osche · Ökologie

Grundlagen – Erkenntnisse – Entwicklungen der Umweltforschung
3. Auflage

„Ich halte dieses Buch vom Text und von der Bebilderung her mit weitem Abstand für die beste und anschaulichste Darstellung der Ökologie und werde es in meinen ökologischen Vorlesungen und Kursen benutzen und den Studenten empfehlen."
Prof. Dr. K. Immelmann, Universität Bielefeld

Dieter Vogellehner · Paläontologie

Grundlagen – Erkenntnisse – Geschichte der Organismen
3. Auflage

„Anhand einer erstaunlichen Fülle instruktiver ein- und mehrfarbiger Illustrationen im Text, auf Bildspalten und auf thematischen Tafeln entwirft der sachkundige Autor einen Gesamtüberblick über die Paläontologie, der ebenso wissenschaftlich fundiert wie anschaulich ist."
Die Allgemeinbildende Höhere Schule, Wien

HERDER FREIBURG · BASEL · WIEN